3ds max 首饰建模

刘玲玲 著

3ds max
Shoushi Jianmo

中国地质大学出版社

内 容 简 介

　　首饰造型设计的方法多种多样，本书是从首饰的形态构成角度出发，剖析珠宝首饰造型特征，引导设计者学会将首饰的创意造型思维有序地表达出来。结合 3ds max 2015 软件的运用环境，采用典型案例分析模式，通过对形态结构进行拆解分析，运用"可编辑多边形"这一造型工具，分步骤解析了快速构建代表性构造的操作技法。

　　通过案例建模实施技法的比对，让读者领会具体软件工具的功能及用法，同时提示软件工具的特殊使用环境，分析典型结构与对应命令工具的必然联系，梳理珠宝首饰三维模型建构思路，并引导读者思考相同造型的多途径解决方案。通过本书学习不仅能迅速了解 3ds max 2015 软件建模技巧，同时能让读者逐渐领会计算机美学表现形式，丰富艺术素养。

图书在版编目(CIP)数据

3ds max 首饰建模/刘玲玲著. —武汉：中国地质大学出版社，2017.6
ISBN 978-7-5625-4051-9

Ⅰ. ①3…
Ⅱ. ①刘…
Ⅲ. ①首饰-设计-计算机辅助设计-三维动画软件
Ⅳ. ①TS934.3-39

中国版本图书馆 CIP 数据核字(2017)第 137207 号

3ds max 首饰建模		刘玲玲 著
责任编辑：陈　琪	选题策划：张　琰	责任校对：周　旭
出版发行：中国地质大学出版社(武汉市洪山区鲁磨路 388 号)		邮编：430074
电　　话：(027)67883511	传真：(027)67883580	E-mail:cbb@cug.edu.cn
经　　销：全国新华书店		Http://cugp.cug.edu.cn
开本：787 毫米×1 092 毫米　1/16	字数：237 千字	印张：9.25
版次：2017 年 6 月第 1 版	印次：2017 年 6 月第 1 次印刷	
印刷：武汉市籍缘印刷厂	印数：1—1500 册	
ISBN 978-7-5625-4051-9		定价：58.00 元

如有印装质量问题请与印刷厂联系调换

前　言

　　自主创新，方法先行。本书区别于其他三维软件应用类工具书撰写模式，从首饰造型的形态构成角度出发，剖析珠宝首饰造型特征，举一反三，重视同一造型多途径实现手法探究，更有利于读者的创意思维有序生成。结合 3ds max 2015 软件的运用环境，采用经典案例分析模式，通过拆解分析经典造型结构，重点突出"可编辑多边形"这一造型命令，分步骤详细讲解了快速构建极具代表性的三维模型的操作技法。通过案例实践，由浅入深，从易到难，让读者领会具体软件工具的功能及用法，同时提示软件工具的特殊使用环境，分析典型结构与对应命令工具的必然联系，梳理珠宝首饰三维模型建构思路，并引导设计者思考相同造型的多途径解决方案。

　　本书分析讲解了 15 个案例，包括刻面造型、弧面造型、扭曲弧面造型、渐变曲面造型、对称凸起造型、环形交叉造型等，由单一到综合的方式设置案例。每个案例制作的开始都有造型特征分析，分析梳理出造型的特征结构，并简单介绍特征结构的对应创建方法，之后才是图文并茂的详细制作过程，在部分案例中探索多种方法来制作造型结构，技术实用。

　　市面上 3ds max 软件技术方面书籍较多，但 3ds max 软件在珠宝首饰造型设计这一新兴方向的应用较少。学习本书，能帮助读者迅速掌握软件建模技巧，引导读者思考相同造型的多种解决方案，同时使读者逐渐领会珠宝造型设计的精妙，激发出更多的创作潜能，将首饰的创意思维灵活生动地表达出来。

　　本书的出版得到了"桂林理工大学出版基金"的资助，在此对桂林理工大学领导及同事们的关心与支持表示感谢！书中部分首饰造型为国际知名品牌经典作品，解读经典首饰造型，向大师致敬！

著　者

2017 年 4 月

目 录

案例 1　近似刻面圆型宝石制作　1

案例 2　对称猫耳造型戒指制作　13

案例 3　方格刻面堡狮龙款戒指　24

案例 4　刻面风格堡狮龙款戒指制作　32

案例 5　微曲面简洁戒指制作　41

案例 6　近似心形曲面吊坠制作　52

案例 7　近似平行结构三角套叠吊坠制作　58

案例 8　渐变曲面开口戒指制作　64

案例 9　紧箍咒款开口戒指制作　73

案例 10　扭曲弧面戒指制作　81

案例 11　起伏弧面吊坠制作　90

案例 12　对称凸起结构戒指制作　100

案例 13　爪镶镶口制作　112

案例 14　曲面衔接吊坠制作　123

案例 15　弧面珍珠耳坠制作　130

主要参考文献　141

案例1
近似刻面圆型宝石制作

造型特征分析

● 圆形且具有刻面表面,可以使用圆柱体工具产生主体造型,并设置圆柱体的边数为16,使用清除光滑模式可以让外表面呈现刻面。

● 多边形顶点切片,选择间隔顶点切角,产生冠主面(风筝面)。

● 宝石腰面,可以通过布尔相减形成宝石的腰面。

在创建面板的"标准基本体"中,选择"圆柱体"创建工具(图1-1、图1-2)。

提示:软件在开启后,默认进入标准基本体创建状态。

图1-1 标准基本体   图1-2 "圆柱体"创建工具

在顶视图(上视图)点击鼠标左键并拖动点击创建出一个圆柱体。随后右击"选择移动"按钮,在弹出的"移动变换输入"对话框中将圆柱体的中心位置调整到坐标原点(即在对话框的"绝对:世界"坐标系里把 X、Y、Z 三个轴向参数都修改为0),见图1-3。

提示：在透视图视图操作时为方便观察模型的结构，通常会在"真实"按钮上点击，在弹出的菜单里选择"边面"模式，这样可以随时看到物体较清晰的结构线。

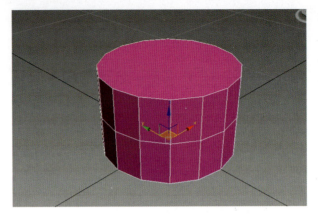

图1-3　圆柱体创建后调整到坐标原点位置

进入修改面板，选中刚创建的圆柱体，修改器里可以看到"Cylinder001"（圆柱体）选项，见图1-4。

提示：在修改面板里可以修改设置圆柱体的名字和颜色，本案例把Cylinder001修改为圆钻。在参数栏目里可以修改圆柱体的参数。

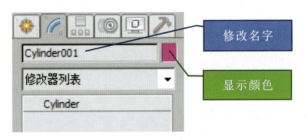

图1-4　修改面板

在参数栏目里设置以下参数值，见图1-5[系统的默认长度单位为毫米（mm）]。

- 半径：3.3mm
- 高度：4mm
- 高度分段：2（在圆柱体的高度方向上分为两段）
- 端面分段：1
- 边数：16（圆柱体的端面由正16边形构成）
- 平滑：否
- 其他选择默认值

在"Cylinder"选项上点击右键，选择"可编辑多边形"，Cylinder圆柱体将失去原有的属性，变换为可编辑多边形状态。

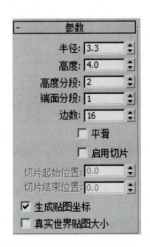

图1-5　修改参数值

提示：在转换为一种类型编辑模式（可编辑网格、可编辑面片、可编辑多边形、可变形 gPoly、nurbs 五种编辑模式中的一种）后，物体将失去原有属性，在原有的参数栏目消失后，取而代之的是该编辑类型的编辑修改栏目。图 1-6 是可编辑多边形的参数栏目。

进入顶点层级，对多边形进行顶点编辑操作，见图 1-7。

提示：点击对应的子层级，软件系统将会进入该物体子层级的编辑模式，这时会锁定该物体，让物体处于被编辑模式，无法选择并编辑其他的物体。若想切换编辑物体，那么必须关闭子层级的编辑状态，即再次点击修改器里面的"顶点"选项，让黄色标记消失，在关闭子层级状态后，才能对其他的物体进行选择。

图 1-6 可编辑多边形修改器面板

图 1-7 顶点编辑模式

按键盘的"Z"键最大化显示操作视图，见图 1-8。

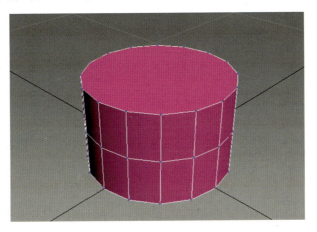
图 1-8 开启边面显示模式

提示： 最大化显示操作，可以让选中的物体在当前操作视窗里最大化显示，方便观察编辑。在 3ds max 软件中使用快捷键，需要在英文输入法状态下才有效，因此在使用前需要查看当前软件环境中的输入法状态。

在左视图中移动调整中间顶点的位置，这里调整的是控制宝石的腰线位置，见图 1-9。

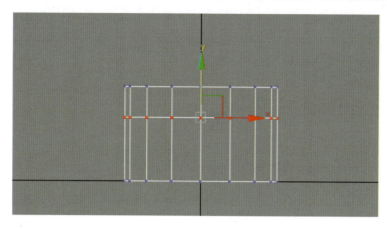

图 1-9 移动调整点的位置

提示： 使用"选择移动"工具调整顶点位置，在视图中可以看到高亮的红、绿两色的坐标箭头。当鼠标移动到箭头线上，可以锁定坐标轴向移动选定物件；把鼠标移动到两个坐标轴夹角小方块处点击，让黄色小方块处于激活状态时，鼠标指向需要物件点击后拖动，可以沿着任意方向自由移动选中物件。

随后使用"选择缩放"工具编辑底部端面顶点，将它们整体收缩，尽可能地汇集到一个顶点上，见图 1-10。

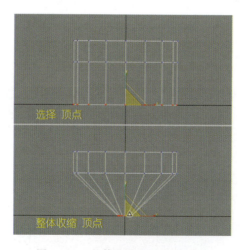

图 1-10 整体收缩底端面的顶点

提示： 选择收缩工具有 3 种缩放形式：单一轴向收放，即把鼠标放在需要产生缩放变形的轴上，点击移动左键；平面缩放，即把鼠标移动到梯形格子内点击拖动，从而实现视图平面缩放，这种缩放形式是只让选中的物件在操作视图两个视图坐标方向上发生变形，另外一个垂直视图坐标的方向保持不变;整体缩放,是把鼠标点击在两轴之间的三角形格子内拖动,来实现尺寸大小的整体变化,即 X、Y、Z 三个轴向产生相同比例的变形。

使用"选择缩放"工具编辑顶部端面顶点。整体缩小顶部顶点到合适尺寸,见图 1-11。

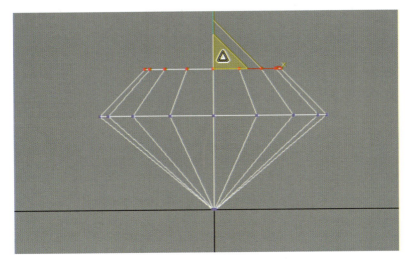

图 1-11　收缩顶端面的顶点

选择底端面的顶点,让它处于红色编辑状态。在"编辑顶点"栏目里面点击选择"焊接"工具旁的"焊接设置"按钮,会弹出如图 1-12 所示的点焊接提示。默认的焊接距离是 0.1mm,即距离小于 0.1mm 的点将会熔合为一个顶点,同时还有焊接前后顶点数量的提示。

提示: 焊接完成,可以点击"√"键来确认。焊接的前后,顶点数目一定会有变化,若顶点没有减少,那么这次焊接就是失败的操作。顶点需要处在相同多边形平面上才能焊接,在不同多边形平面上的顶点无法实施焊接操作。如果需要焊接的顶点之间距离较大,可以通过设置一个较大的焊接距离数值或使用"目标焊接"工具来实现顶点的焊接。

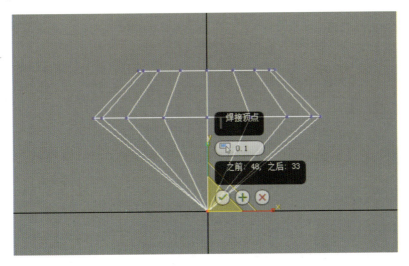

图 1-12　焊接底端面的顶点

使用"编辑几何体"栏目里的"切片平面"工具(图1-13)对宝石的上腰和下腰进行平面切割操作。

提示： 当"切片平面"工具处于激活状态时，移动切片的平面，可以观察到切割的位置，此时并未切割。当调整好切割位置后，点击切片平面按钮下方的"切片"按钮，这样才能完成切割(图1-14)。切片的位置不仅可以移动，还可以旋转，但是缩放切片平面大小并不会影响切割的效果。当切割的平面被多次调整，无法还原时，可以点击"重置平面"来还原到初始位置。与切片平面相关的工具还有"快速切片"工具，即直接在视图里设置切割平面的起点和终点来完成快速切割设置。

按照图1-15，在顶视图选择上腰位置的顶点，隔一个选一个点。为了完成间隔多选操作，需要按键盘的"Ctrl"键，并点击选择图示的顶点。

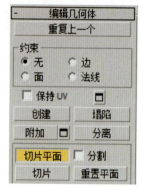

图1-13 "切片平面"工具

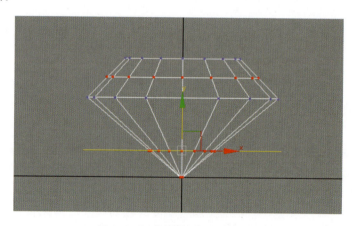

图1-14 使用"切片平面"工具

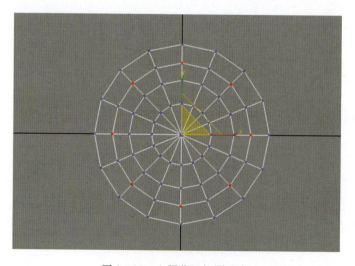

图1-15 上腰位置间隔选点

提示：在多选操作过程中，有些选择不能一次完成，需要不断增加，因此按住"Ctrl"键来做选择操作。如果遇到错选，就需要按下"Alt"键，来取消选择。

使用"编辑顶点"栏目的"切角"工具（图1-16），对选择的8个顶点进行切角处理，从而产生冠主面（上腰风筝面），见图1-17。

图1-16　顶点"切角"工具

提示：顶点"切角"工具能把顶点按照与它连接的边的方向切开，从而产生新的边。例如，一个顶点汇集了3条边，那么切开后将产生一个三角形，即一个顶点变成3个顶点。切角量是用来控制原顶点与切开后顶点之间的距离的，切角数值设置过大，顶点切角过程中如果遇到边的另外一个顶点时，切角就会停止。顶点"切角"工具可以快速地将边线的造型旋转45°角。但是切角后，多个顶点可能会叠加在一起，导致"目标焊接"等工具命令失效，但在点切角后使用焊接工具，把叠加在一起的顶点焊接熔合为一个顶点，可以让模型恢复简洁的点结构。

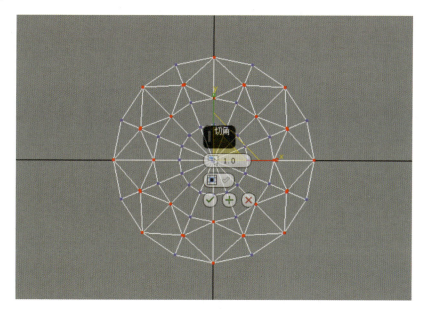

图1-17　顶点切角后的效果

随后使用"焊接顶点"设置工具对上腰面的顶点进行焊接处理。框选上腰面的顶点，点击"焊接设置"工具。参数设置选择默认。由于有多个顶点重叠在一起，焊接后可以消除重叠的顶点，顶点数量变少。如图1-18所示，顶点数量由104减少至72。

使用同样的方法对下腰顶点进行切角及焊接操作（图1-19、图1-20）。

提示：以上的造型结构还可以使用顶点连接的方式制作，只是步骤相对稍稍繁琐。选择同一多边形的对角顶点，点击"连接"工具。为了稍微提升连接速度，可以把需要连接的8组4个顶点一次选中后做一次性连接，然后用清除顶点工具把冠主面的（风筝面）中心的顶点移除。不能使用"Delete"键删除，如果删除，那么与该顶点关联的多边形面会一起被删掉。

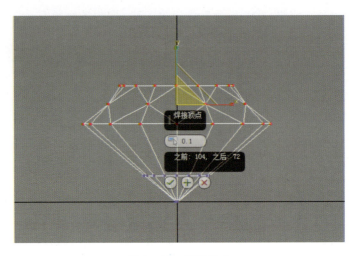

图 1-18 焊接顶点

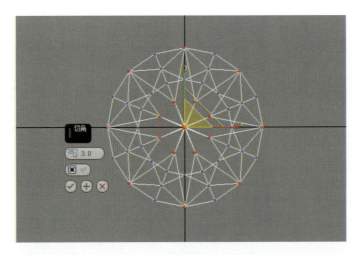

图 1-19 下腰顶点切角处理

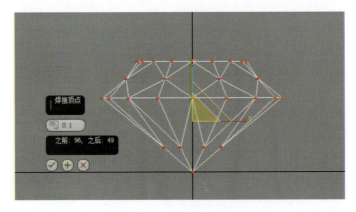

图 1-20 顶点切角后焊接

进入元素层级,选择整个宝石,在"多边形:平滑组"栏目里,选择"清除全部"工具,清除原有的光滑显示模式(图1-21～图1-24)。

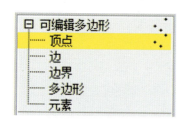

图1-21　进入元素层级

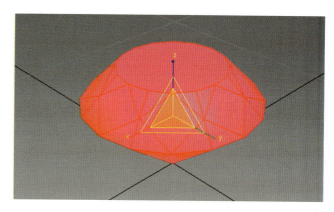

图1-22　选取整个宝石元素

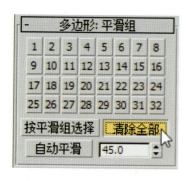

图1-23　"清除全部"工具

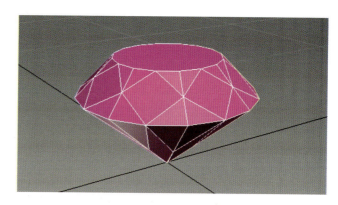

图1-24　清除全部后的宝石效果

进入顶点层级,使用"编辑顶点"栏目里的"目标焊接"工具,对台面上的顶点进行定向焊接。把16边形的台面焊接成为8边形台面(图1-25、图1-26)。

图1-25　顶点"目标焊接"工具

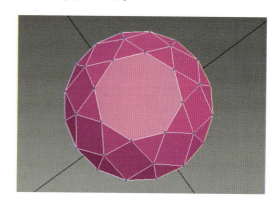

图1-26　目标焊接后的宝石效果

进入多边形层级,在"编辑几何体"栏目里,使用"平面化"工具调整上腰风筝面,让4个顶点处于同一平面内(图1-27~图1-29)。

提示: 调整的过程应该在顶视图(上视图)间隔选取多边形面进行平面化处理。

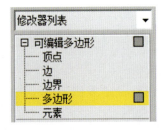

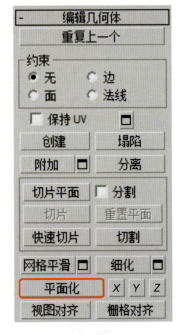

图1-27 多边形层级　　　　　　　图1-28 "平面化"工具

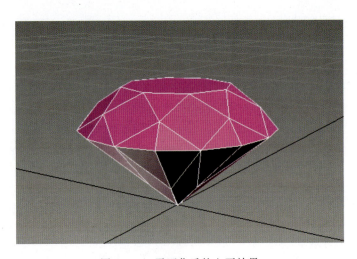

图1-29 平面化后的宝石效果

使用"复合对象"创建命令中的"布尔",将宝石的腰面切割出来。在切割前,先要创建一个新的圆柱体(图1-30、图1-31)。创建后还需要右击"移动选择"工具按钮,把新圆柱体的坐标中心位置调整到操作视图的坐标原点,并让它与圆钻中心点对齐(图1-32)。

在新圆柱体处于选择状态下,回到创建面板中,点击"下拉"按钮,选择列表里面的"复合对

图1-30　创建一个新圆柱体　　　　　图1-31　新创建圆柱体参数

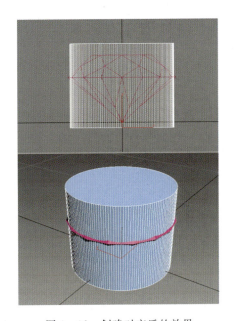

图1-32　创建对齐后的效果

象",在拾取布尔栏目里点击"拾取操作对象B"按钮,点选圆钻模型,并设置对应的差级相减模式(图1-33~图1-35)。

　　完成后可以将模型输出为3ds格式,随后导入到keyshot渲染软件中赋予宝石材质后渲染,模拟出逼真的实物效果。

　　提示：布尔操作是把两个物体按照系统提供的组合模式,相互结合起来。这个过程中如果控制位置或数量有所偏差,会导致布尔后的物体出现破洞或者残缺。因此,提前设计好边面的数量,尽可能让两个模型结合位置的顶点相互对应。

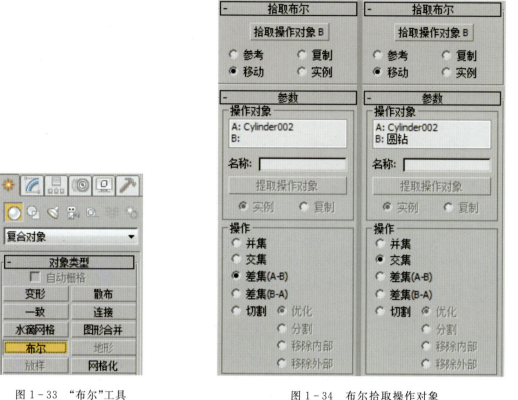

图1-33 "布尔"工具　　　　　　　图1-34 布尔拾取操作对象

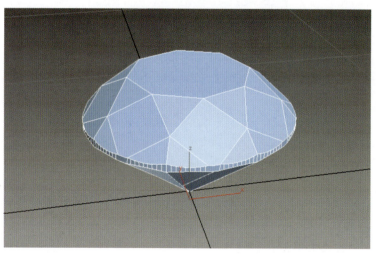

图1-35 布尔操作之后的效果

案例2
对称猫耳造型戒指制作

造型特征分析

- 戒圈主体呈现平行面结构,可以使用多边形"挤出"工具产生。
- 猫耳造型需要使用"快速切片"工具增加顶点并移动调整顶点产生。
- 左右对称的结构,可以通过实例镜像方式复制产生。
- 戒圈棱角明显,可以使用边切角来实现。

在开启软件后,首先在透视图点击"真实"选项,在弹出菜单中选择"边面"显示模式。然后在创建面板的"标准基本体"中,选择"管状体"创建命令(图2-1)。在左视图点击鼠标左键并拖动创建出一个管状体(图2-2)。

图2-1 "管状体"创建命令

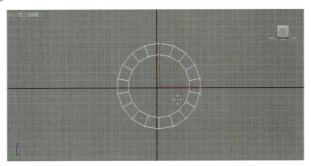
图2-2 在左视图创建管状体

进入修改面板,修改管状体的参数(图2-3)。

- 半径1(外径):6mm
- 半径2(内径):5mm
- 高度(戒壁宽):1.3mm
- 高度分段:2
- 端面分段:1
- 边数:18
- 其他参数使用默认值

提示:也可以使用"键盘输入"工具创建管状体。在创建面板中,选择"管状体"工具,并在键盘输入栏里输入相应的内径、外径、高度参数,点击"创建"按键即可,这里的X、Y、Z可以设置为默认值0。这样创建出来的管状体的中心坐标将直接处在坐标原点位置(图2-4)。

图2-3 设置管状体参数

选中管状体,进入层次面板,在"调整轴"栏目里打开"仅影响轴"按钮,"对齐"栏目里点击"居中到对象"命令,如图2-5所示。这样能够把默认在一个端面上的坐标中心调整到对象中心位置。

图2-4 键盘输入栏　　　图2-5 调整轴"居中到对象"

在居中管状体中心后,由于无法确定中心点的具体空间位置,那么需要通过右键点击"移动选择"按钮,在弹出的移动变换输入对话框里,将圆柱体的中心点绝对坐标位置调整到系统坐标原点,即将X、Y、Z三个轴向参数都修改为0(图2-6、图2-7)。

在修改面板里选择管状体"Tube"(图2-8),右击图标,在弹出菜单中选择"可编辑多边形"(图2-9),并进入多边形层级。

在左视图框选纵坐标轴一侧的多边形(图2-10)。选择后,多边形呈现红色。

删除选中的多边形,保留半个圆的多边形(图2-11)。

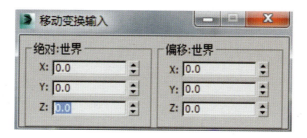

图 2-6 设置绝对:世界坐标值

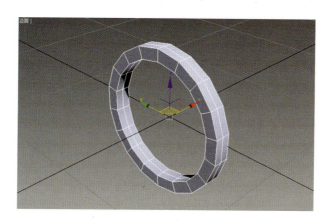

图 2-7 中心位置处于坐标原定位置的管状体

图 2-8 选择 Tube

图 2-9 转换为:可编辑多边形

关闭多边形层级,在左视图选择"镜像"工具,使用戒圈原本坐标关系来镜像复制戒圈,克隆当前选择选项使用"实例"(图 2-12)。

提示:复制选项仅仅是把物体设定按照轴向复制出来一个新的物体,两个物体之间不发生关联。但"实例"、"参考"两个选项是两个较为特殊的复制选项,复制后产生的新物体与原物

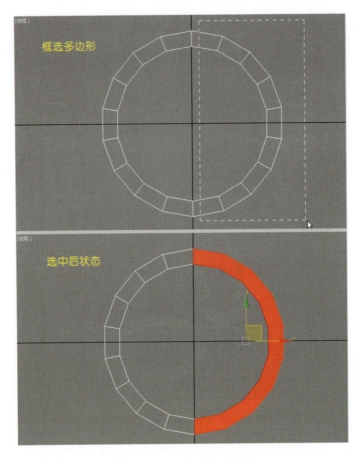

图 2-10 选择多边形(半个圈)

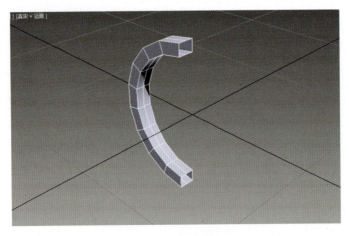

图 2-11 删除后保留半个圆

体相互关联,调整了其中一个的属性,另外一个也将跟随产生变化。如果要消除关联关系,需要再次转化可编辑多边形。

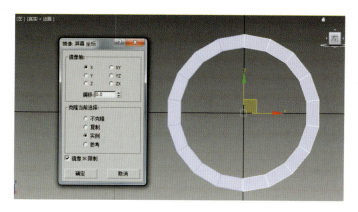

图 2-12 实例镜像复制

选择其中一个多边形进行编辑,见图 2-13,在左视图选择了右边的多边形进行编辑,点击进入边层级。

 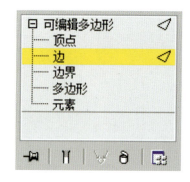

图 2-13 两个位置都可以进入边层级

在"编辑几何体"栏目里面使用"快速切片"工具(图 2-14),对戒圈进行快速切割,产生如图 2-15 所示的特征边线。由于左右两半戒圈是实例关系,因此在切完右边的戒圈后,左边的

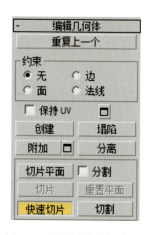 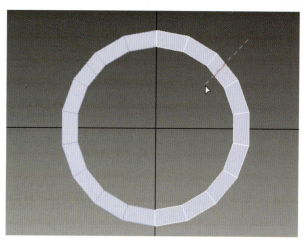

图 2-14 选择"快速切片"工具　　　图 2-15 切片产生特征边线

半个戒圈同样会产生对应的特征边线。

切换到顶点层级,框选如图2-16所示的特征顶点,移动调整到如图2-17所示的位置。

提示: 选择的方式有框选和点选,在没有关闭"忽略背面"选项的情况下,框选能把框到的顶点全部选中(图2-17)。框选后,选中了两个顶点,但是点选,一次只能选择一个,遇到前后叠加在一起的情况,点选就会造成漏选。在点多杂乱的情况下,如果使用框选方式有可能会多选。因此,选择后要多视图配合观察选择情况,避免错选后调整而引起的变形。

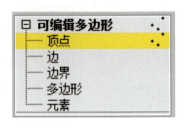

图2-16 选择进入顶点层级

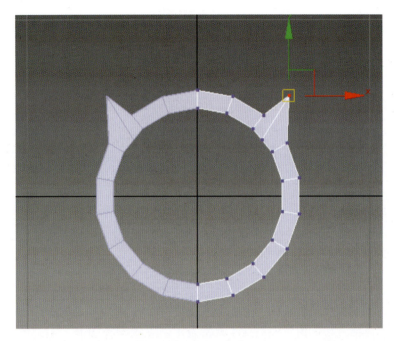

图2-17 选择并移动顶点

切换框选模式的形状,默认情况下选择框是方形,这里我们切换成圆形(图2-18)。从坐标原点位置拖动框选戒圈内壁顶点,稍稍下移0.2mm。这样的调整可以让戒圈下部变薄,顶部稍厚,中间是渐变过渡的厚度(图2-19)。

提示: 编辑调整顶点后,需要把作业两半戒圈附加在一起,但是由于使用了实例方式复制,两个物体相互关联无法附加在一起,需要再次转换为可编辑多边形才能附加。附加工具和操作见图2-20、图2-21。

进入顶点层级(图2-22),戒圈是由左右两半附加起来的,中间的接缝并没有熔合焊接起来,只是在视觉上堆叠在一起,因此需要使用顶点焊接工具,把叠在一起的顶点焊接起来,让整个模型封闭。

在左视图框选中间需要焊接的顶点,见图2-23。使用"焊接设置"工具,点击会弹出如图2-24所示的提示,确认点击"√"就可以了。

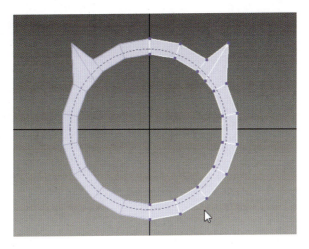

图 2-18 圆形框选顶点

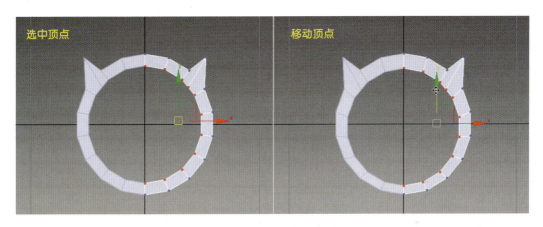

图 2-19 选择并移动顶点

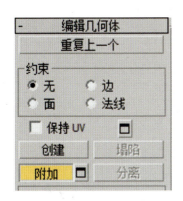

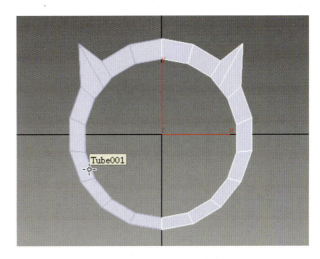

图 2-20 "附加"工具　　　　　图 2-21 选择并附加

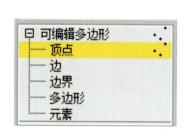

图2-22 选择进入顶点层级

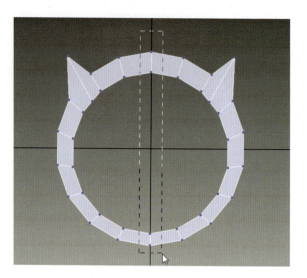

图2-23 选择需要焊接的顶点

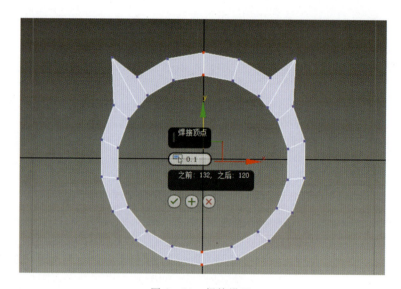

图2-24 焊接设置

进入边层级,选择猫耳的特征边线,使用边"切角"工具,对猫耳位置进行切角处理,切角的设置参数为0.1mm(图2-25)。

提示:边切角的目的是为了让模型产生明显的边棱。切角会在对应的边位置产生新的边线,在相应的狭小位置就产生了限制变形的结构,从而可以通过边切角大小来控制物体的圆角弧度大小。

同样对图2-26所示的边进行切角处理。

使用边循环选择方式选择整个戒圈轮廓边(图2-27),对整个戒圈轮廓进行边切角处理。切角参数为0.1mm(图2-28)。

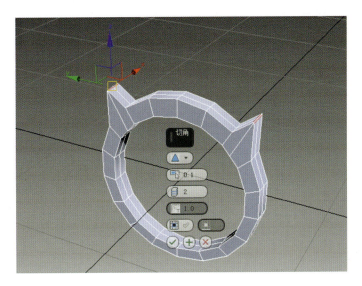

图 2-25 猫耳结构位置边切角

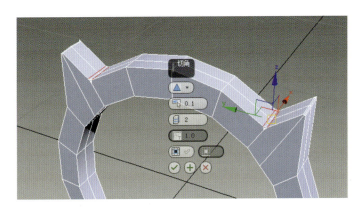

图 2-26 再次边切角

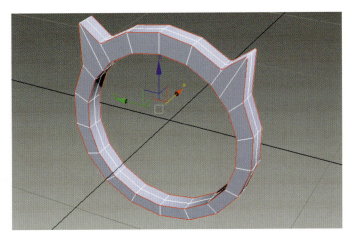

图 2-27 循环选择边

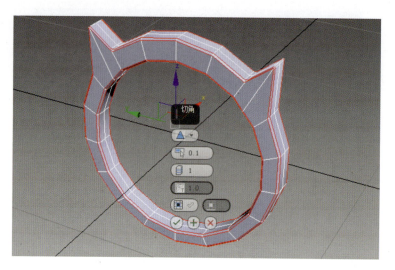

图 2-28 选中轮廓边并切角处理

提示：循环选择方式选择栏目里有"循环"选择按钮（图 2-29），在选择其中一节边后，点击循环工具，就可以实现相同属性边的循环选择。当然还可以使用双击边的方式实现循环选择。图 2-27 中，为了实现 4 条循环边的同时选择，需要同时按下键盘的"Ctrl"键来实现多选。

勾选使用"细分曲面"栏目的"使用 NURMS 细分"选项给物体添加圆滑，把显示迭代次数设置为 3 或 4，其他设置为默认值（图 2-30）。细分曲面设置的效果如图 2-31 所示。

图 2-29 "循环"选择按钮

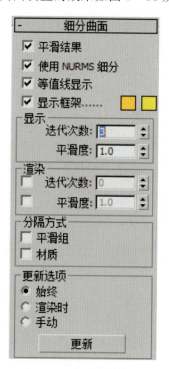

图 2-30 细分曲面设置

提示： 迭代次数越高，物体光滑级别越高，但设置太高将耗费电脑的大量内存资源，容易造成电脑死机。

图 2-31　细分曲面设置的效果

完成后可以输出 stl、3ds、iges 等格式，放到渲染软件里面渲染，从而模拟出逼真的实物效果。

案例3
方格刻面堡狮龙款戒指

造型特征分析

- 管状体构造。
- 外表面有棱角分明的凸起方格结构,使用多边形倒角工具产生。

在创建面板的"标准基本体"中,选择"管状体"创建命令(图3-1)。

在左视图通过3次点击鼠标左键并拖动来设置管状体的外径、内径和高度,创建出一个圆柱体(图3-2)。

管状体创建后,进入修改面板,重设管状体的参数(图3-3)。

- 半径1(外径):7mm
- 半径2(内径):5.8mm
- 高度(戒壁宽):2mm
- 高度分段:1
- 端面分段:1
- 边数:22

图3-1 "管状体"命令

选中管状体,进入层次面板,在调整轴栏目里打开"仅影响轴"按钮,对齐栏目里点击"居中到对象"命令,如图3-4所示。这样能够把默认在一个端面上的坐标中心调整到对象中心位置。

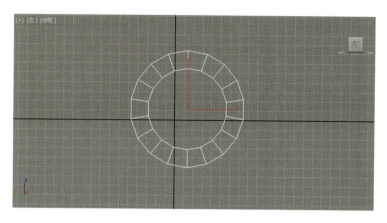

图3-2 创建管状体

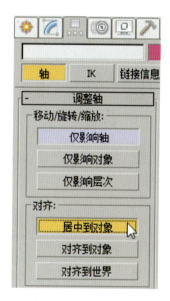

图3-3 设置管状体参数　　　　图3-4 居中对象中心

随后右键点击"移动选择"按钮，在弹出的"移动变化输入"对话框中(图3-5)，将圆柱体的位置调整到坐标原点(X、Y、Z 三个轴向参数都修改为 0)(图3-6)。

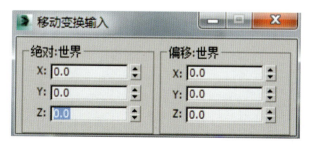

图3-5 "移动变换输入"对话框

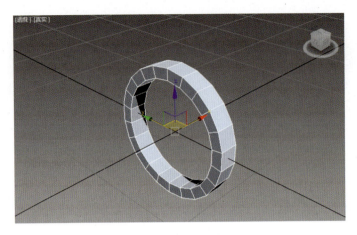

图3-6 物体坐标对齐系统坐标原点

提示： 重设物体的中心到坐标原点，方便我们在后期制作过程中观察物体的对称情况，而且方便我们使用圆形框选模式时找到圆形框的中心点（坐标原点）。

在修改面板中，选中"Tube"（管状体）右击，在菜单里选择"转换为：可编辑多边形"，使用编辑多边形模式编辑该戒指造型（图3-7）。

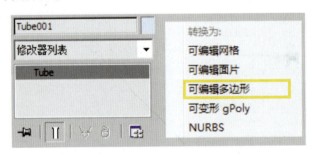

图3-7 把Tube转换为：可编辑多边形

进入边层级（图3-8）。在透视图中选中其中一条边，如图3-9所示。

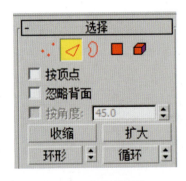

图3-8 进入边层级

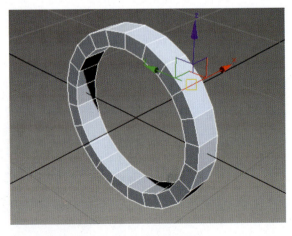

图3-9 选中其中一条边

· 26 ·

采用环形选择模式,选取相同属性的边。图3-10为环形选择后的效果。

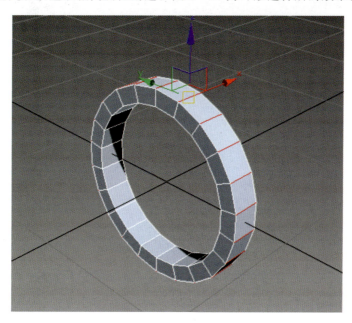

图3-10 环形选择后的效果

提示:环形选择模式可以在选择一条边后,再点击"选择"栏目里的"环形"工具按钮(图3-11)来实现,也可以通过按下键盘"Shift"键同时点击相同属性的另外一条边来实现。

随后按下键盘"Ctrl"键的同时,切换到多边形层级(图3-12),通过关联边的模式选中外圈的全部多边形(图3-13)。

图3-11 环形选择

图3-12 切换子层级

点击多边形"倒角"设置按钮,切换为"按多边形"倒角模式(图3-14)。设置倒角参数如下。
- 倒角类型:按多边形
- 高度:0.3mm
- 收缩比例:-0.45%

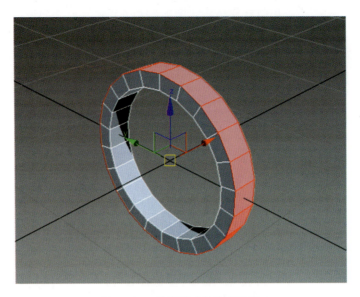

图 3-13　关联模式选取多边形

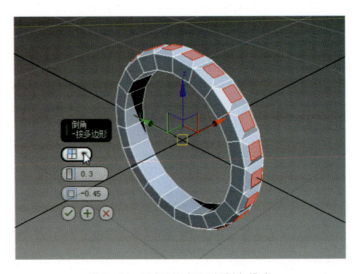

图 3-14　选择"按多边形"倒角模式

设置完成后,可以旋转视角,观察倒角后的物体效果。

提示:倒角和挤出都可以让多边形的面向外延展,产生凸起。倒角的功能更为丰富,可以通过高度设置凸起的距离;通过收缩比例来控制凸起是被放大还是缩小,正值为放大,负值为缩小,当然收缩比例也可以设置为 0,可以产生一组平行轮廓。

进入边层级,鼠标点击"选择框模式"设置位置,并长按,切换框选选择形式,选择"圆形框",选择的交叉模式处于开启状态。按照图 3-15 所示,从左视图坐标原点位置点击拖动鼠标,选择内圈边线,框选后效果见图 3-16。

在编辑菜单栏选择"反选"工具,或者按下键盘"Ctrl+I",完成边界方向选择,而后进行边切角(图 3-17)。边切角参数如下:

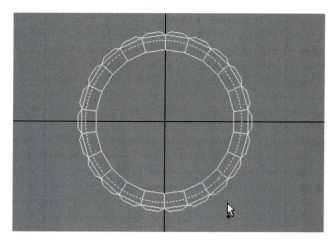

图 3-15 使用圆形选择框选边

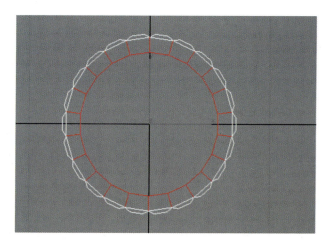

图 3-16 框选后的效果

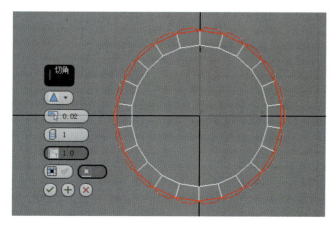

图 3-17 边切角

- 切角量:0.02mm
- 边数:1

按下键盘"Ctrl"键双击"循环选择两条边棱",并使用边切角工具进行切角处理(图3-18),边切角参数如下。

- 切角量:0.06mm
- 边数:1

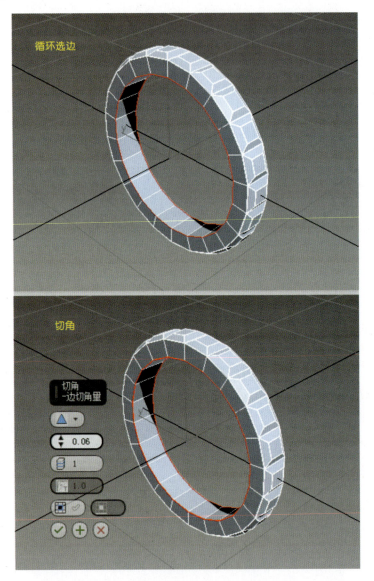

图3-18 循环选择内边棱并切角

在细分曲面栏目里,勾选"使用NURMS细分"选项,并把显示迭代次数设置为3(图3-19)。开启细分曲面后的效果见图3-20。完成的造型可以输出3ds、stl、iges等格式到渲染软件中去渲染,快速模拟逼真的实物效果。

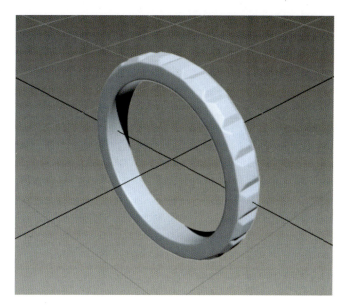

图 3-19 设置细分曲面　　　　　图 3-20 开启细分曲面后的效果

案例4
刻面风格堡狮龙款戒指制作

造型特征分析

- 正八边菱形造型,可以通过16边管状体,间隔顶点切角产生。
- 刻面型外表面,可以通过清除表面光滑组来实现。
- 微圆滑圆角棱线,可以使用边切角命令产生较小的圆角边线。

在创建面板的"标准基本体"中,选择"管状体"创建命令(图4-1)。

在左视图中通过3次点击鼠标左键并拖动,随意设置管状体的外径、内径和高度,创建出一个圆柱体,见图4-2。

 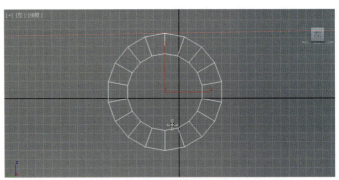

图4-1 "管状体"创建命令　　　图4-2 左视图创建管状体

管状体创建后,进入修改面板,重设管状体的参数(图4-3)。
- 半径1(外径):7.5mm
- 半径2(内径):6mm
- 高度(戒壁宽):2mm
- 高度分段:2
- 端面分段:1
- 边数:16
- 其他参数采用默认值

选中管状体,进入层次面板,在调整轴栏目里打开"仅影响轴"按钮,对齐栏目里点击"居中到对象"命令,如图4-4所示。这样能够把默认在一个端面上的坐标中心调整到对象中心位置。

图4-3　设置管状体参数　　　图4-4　设置坐标中心对齐对象中心

随后右键点击"移动选择"按钮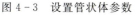,使用"移动变换输入"对话框,将圆柱体的位置调整到坐标原点(X、Y、Z三个轴向参数都修改为0)(图4-5、图4-6)。

图4-5　"移动变换输入"对话框设置对象中心

在修改面板中,选中"Tube"(管状体)右击,在菜单里选择"转换为:可编辑多边形",进入可编辑多边形的顶点层级,使用编辑顶点模式编辑该戒指造型(图4-7)。

在透视图中选点,如图4-8所示,间隔选择中间轮廓线上的8个顶点,让顶点处于红色被编辑状态。

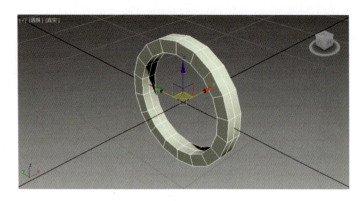

图4-6 管状体坐标中心对齐系统坐标原点

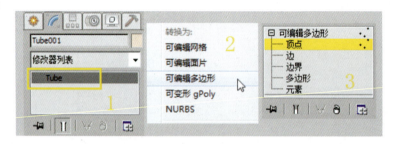

图4-7 Tube转换为可编辑多边形并进入顶点层级

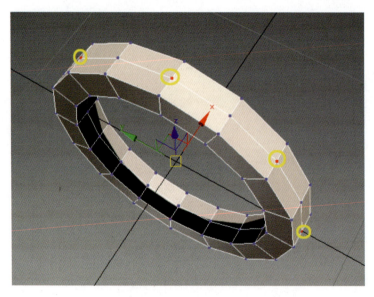

图4-8 间隔选点,选中外表面中间8个顶点

注意:要完成间隔多选的任务,必须要使用到键盘的"Ctrl"按键,按下该按键同时点击选择顶点,可以完成多选的增加选择;键盘的"Alt"按键则是减少选择,按下"Alt"去点击想取消选择的顶点,可以取消该点的被选择状态。配合按"Ctrl"增加选择、按"Alt"减少选择,对边、

边界、多边形等层级的选择同样有效。

使用"点切角"工具,设置一个较大的参数(图4-9),切出菱形面结构。选择所有顶点,做焊接处理,这样叠加的顶点将被合而为一,消除叠加情况(图4-10)。

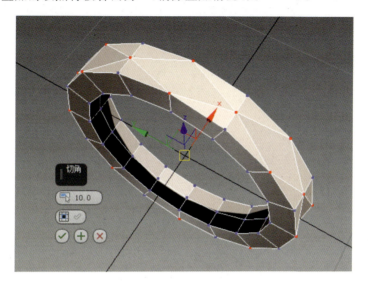

图4-9 点切角设置

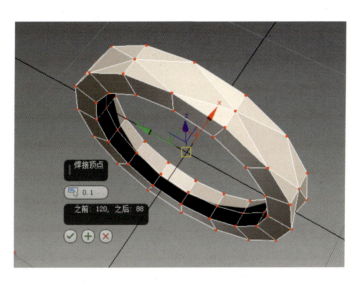

图4-10 焊接熔合叠加顶点

选择菱形宽度边界上的顶点,使用平面缩放命令,把8组顶点收缩,让图形变成一个正八边形(图4-11)。

选择图4-12所示的控制点,在透视图里选择,并实时选择视角检查选择情况,确保顶点完全被选择。

再次使用平面缩放命令,顶点收缩到图4-13所示的形状,形成三角形刻面型外表面(图4-14)。

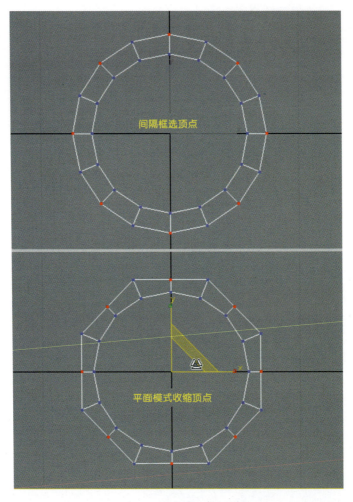

图 4-11 选中并平面收缩顶点

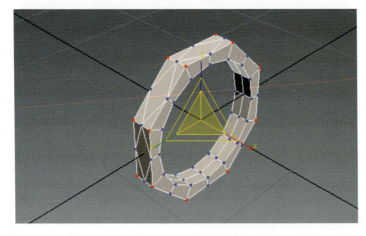

图 4-12 选择顶点

• 36 •

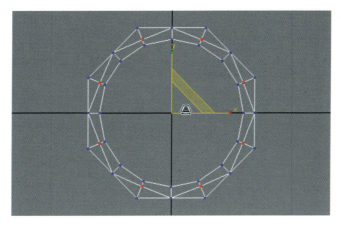

图 4 - 13　平面收缩顶点

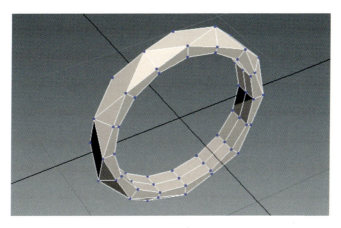

图 4 - 14　顶点平面模式收缩后产生三角形外表面

进入元素层级,选择整个戒指元素(整个戒指呈现红色,图 4 - 15),在"多边形:平滑组"栏目里使用"清除全部"工具(图 4 - 16)。

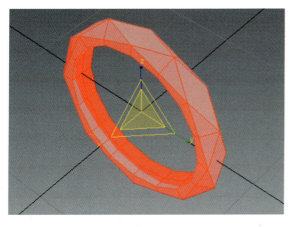

图 4 - 15　选中整个元素

图 4 - 16　"清除全部"

在使用"清除全部"工具后,戒指表面完全呈现刻面造型。随后进入边层级,鼠标点击选择框模式设置位置,并长按,切换框选择形式,选择圆形框,选择的交叉模式处于开启状态。按照图4-17所示,从左视图坐标原点位置点击拖动鼠标,选择内圈边线(图4-18)。

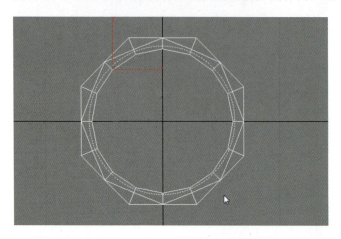

图4-17　圆形框选戒指内圈边线

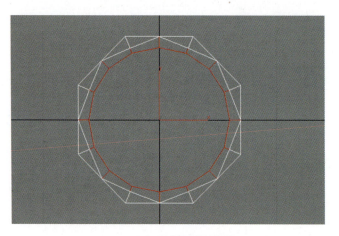

图4-18　框选后的效果

在编辑菜单栏选择"反选"工具(图4-19),或者按下键盘"Ctrl+I",完成边界方向选择。

使用边切角工具把选中的边进行切角编辑(图4-20),边切角参数如下。

- 切角值:0.03mm
- 边数:1

配合按下键盘"Ctrl"键双击循环选择戒指内圈两条棱线(图4-21)。

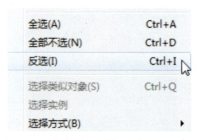

图4-19　使用"反选"工具

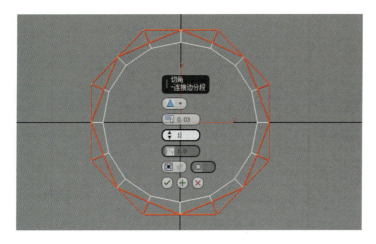

图 4-20 边切角

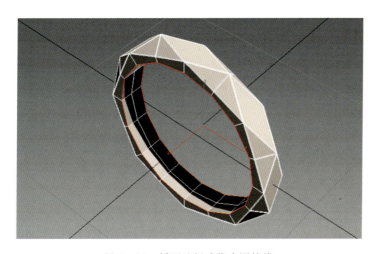

图 4-21 循环选择戒指内圈棱线

对选择的两条边棱进行切角处理,让棱角处产生限制光滑弧度的平行边线,这样可以让光滑弧度限制在新切角出来的边线之间。边切角参数如下(图 4-22)。

- 切角值:0.03mm
- 边数:1

在细分曲面栏目里,选择"使用 NURMS 细分"选项,并把显示迭代次数设置为 3,如图 4-23 所示。完整的模型效果见图 4-24。也可以输出 3ds、stl、iges 等格式到渲染软件中去渲染,快速模拟逼真的实物效果。

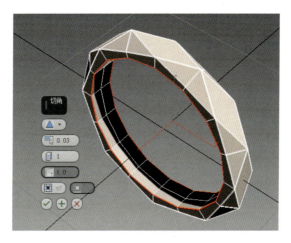

图 4-22 再次边切角

 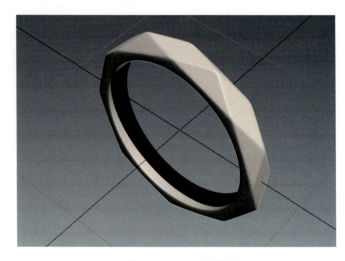

图 4-23 细分曲面　　　　　　　　　　图 4-24 完成的效果

· 40 ·

案例5
微曲面简洁戒指制作

造型特征分析

● 戒圈呈管状体结构,且形状上宽下窄,对称倾斜的侧边可以通过侧边旋转或者顶点软选择变形来实现。
● 戒顶部曲面呈现微弱凹面,可以通过收缩中轴线顶点实现下凹。
● 戒壁边棱结构明显,通过边切角工具实现边棱光滑度设置。

在透视图的"真实"按钮上点击,在弹出的菜单里选择"边面"显示模式,见图5-1。在创建面板的"标准基本体"中,选择"管状体"创建命令,见图5-2。

图5-1 设置"边面"显示模式

图5-2 "管状体"创建命令

在左视图中通过3次点击鼠标左键并拖动来设置管状体的外径、内径和高度,创建出一个圆柱体,见图5-3。

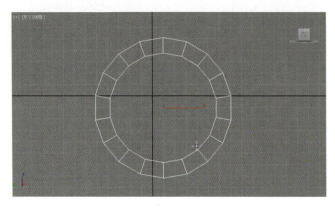

图5-3 创建管状体

管状体创建后,进入修改面板,重设管状体的参数,如图5-4所示。

- 半径1(外径):8mm
- 半径2(内径):7mm
- 高度(戒壁宽):4mm
- 高度分段:2
- 端面分段:1
- 边数:18
- 其他参数使用默认值

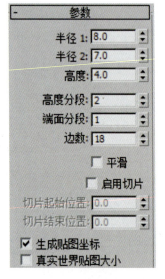

图5-4 管状体参数

选中管状体,进入层次面板,在调整轴栏目里打开"仅影响轴"按钮,在对齐栏目里点击"居中到对象"命令,如图5-5所示。这样能够把默认在一个端面上的坐标中心调整到对象中心位置。

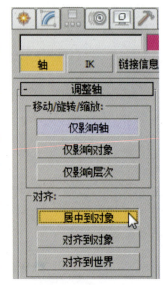

图5-5 设置坐标中心对齐对象中心

随后右键点击"移动选择"按钮,在弹出的"移动变换输入"对话框中,将圆柱体的位置调整到坐标原点(X、Y、Z三个轴向参数都修改为0),见图5-6。

在修改面板中,选中"Tube"(管状体)右击,在菜单里选择"转换为:可编辑多边形",使用编辑多边形模式编辑该戒指造型,见图5-7。

图5-8为透视图戒指显示效果,戒圈的坐标与系统坐标系的坐标原点重合,由于开启了边面显示模式,可以清楚地看到结构线。转换可编辑多边形后,修改面板的编辑选项将转换为对多边形进行编辑的选项。

图 5-6　移动变换输入对话框

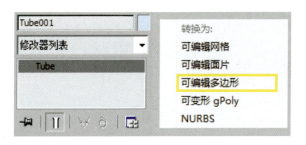

图 5-7　把 Tube 转换为:可编辑多边形

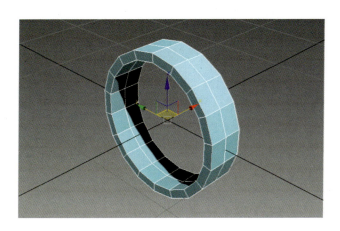

图 5-8　边面显示可编辑多边形的效果

进入顶点层级,可以看到顶点呈现蓝色的编辑模式,选择对应的顶点让它呈现红色后,就可以使用编辑工具编辑调整了。在前视图框选左侧的顶点(图 5-9)。选中的顶点呈现红色,按下键盘"Delete"键将它们删除。

删除顶点后,戒圈造型剩下一半(图 5-10)。

在前视图框选另一侧顶点,使用"选择旋转"工具 ,沿着如图 5-11 所示的 Z 轴向旋转顶点$-8°$。

进入边界层级,选择如图 5-12 所示的边界,使用"选择缩放" 工具,沿着 ZY 平面缩小边界 95%。

在左视图锁定 Y 轴向,向下移动刚刚缩放好的边界(图 5-13),让它与另一轮廓底部对齐。这个操作的目的是让顶面下凹。

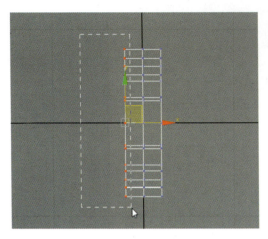

图 5-9 在前视图框选左侧顶点

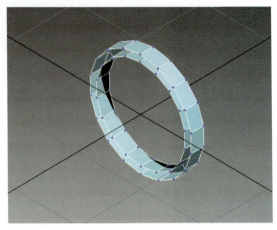

图 5-10 删除顶点后的效果

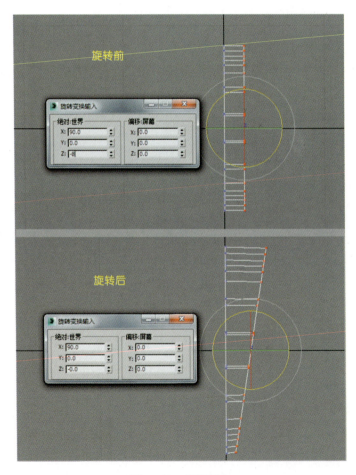

图 5-11 旋转顶点

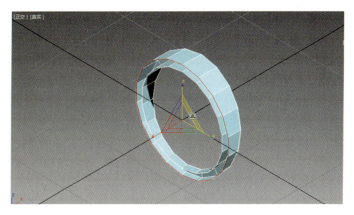

图 5-12 收缩边界

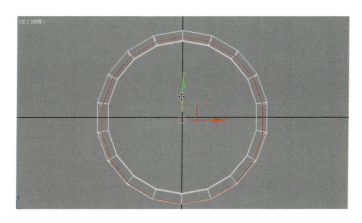

图 5-13 向下移动边界并对齐底部

在前视图使用"镜像"工具 复制戒圈。克隆当前选择使用"实例"模式,如果对造型样式不满意,再次调整的时候,由于是实例模式,两个物体会同时产生变化。

如果没有需要调整的结构,设置如图 5-14 所示,也可以选用"复制"模式。

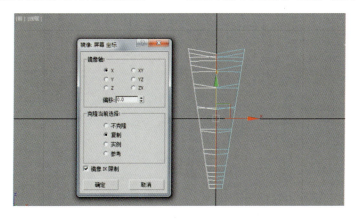

图 5-14 "镜像"工具设置

提示：为了消除"实例"模式的克隆关联属性，需要在修改面板中对可编辑多边形右击一次，并在右击菜单中选择"转换为：可编辑多边形"。通过这样的形式消除相互关联属性，之后才能使用附加命令将两个物体结合到一起，否则，两个物体相互独立，但属性相同，编辑其中一个，另外一个也会产生相应的变化，无法附加在一起。附加工具见图 5-15。

进入"顶点"层级，使用顶点焊接设置工具，在前视图框选中间接缝位置的顶点，如图 5-16 所示，焊接顶点。

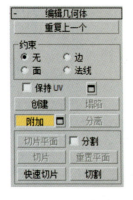 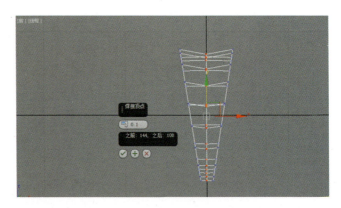

图 5-15 "附加"工具　　　　图 5-16 焊接顶点

进入边层级，配合使用键盘"Ctrl"键循环多选图 5-17 所示的边线。使用边切角设置工具对图 5-18 所示的边进行切角处理，切角参数为 0.1mm。

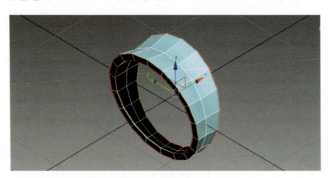

图 5-17 循环选边

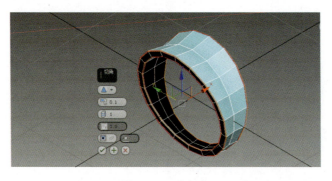

图 5-18 边切角

在细分曲面栏目里,选择"使用 NURMS 细分"选项,并把显示迭代次数设置为 3。完整的模型见图 5-19。

图 5-19 细分曲面效果

提示:该案例也可以考虑使用顶点软选择来编辑实现上宽下窄的侧边结构。

步骤 1:创建管状体,参数与之前的管状体略有变化,具体参数见图 5-20。

步骤 2:在左视图中删除左半边多边形,见图 5-21。

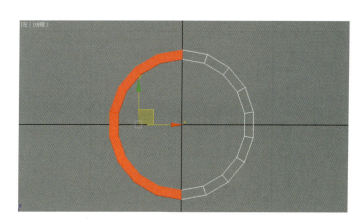

图 5-20 设置管状体参数　　　图 5-21 删除一半的多边形

步骤 3:选择顶部轮廓顶点,见图 5-22。

步骤 4:在顶点层级软选择栏目里勾选"使用软选择"和"边距离"(边距离参数设置为 9,图 5-23),顶点由红色向蓝色过渡,见图 5-24。

步骤 5:右击"选择缩放"工具,使用"缩放变换输入"对话框,沿着图 5-25 所示的 X 轴向放大 220%。缩放后靠下的顶点也会跟随渐变放大(图 5-26)。

步骤 6:在左视图中,关闭子层级后,以 X 轴向为对称轴镜像复制,见图 5-27。

步骤 7:附加起来后,选择中间叠加顶点做焊接处理,这样可以产生一个完整的戒圈,见图 5-28。

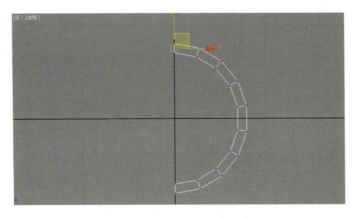

图 5-22 选择顶部轮廓顶点

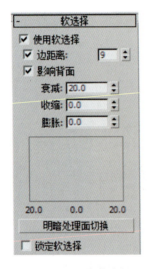

图 5-23 开启软选择

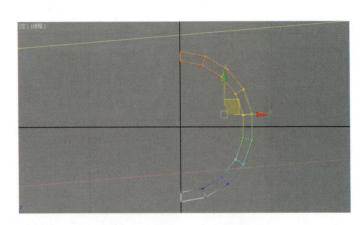

图 5-24 顶点软选择开启的效果

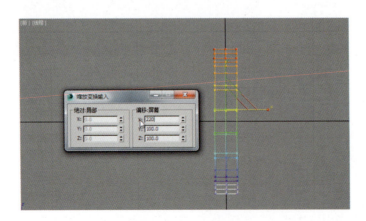

图 5-25 放大设置

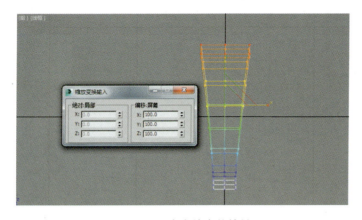

图 5-26 渐变放大的效果

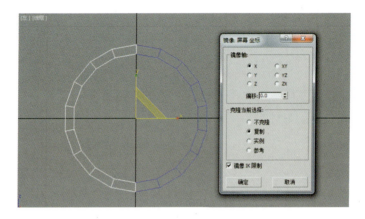

图 5-27 镜像复制

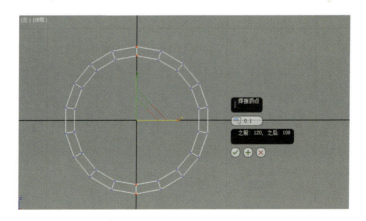

图 5-28 附加后焊接叠加顶点

步骤 8：循环选择中间边线，使用"缩放变换输入"对话框，整体缩小 95%，见图 5-29。
步骤 9：切换到左视图，锁定 Y 轴向，向下移动中间边线，见图 5-30，让线圈底部对齐。

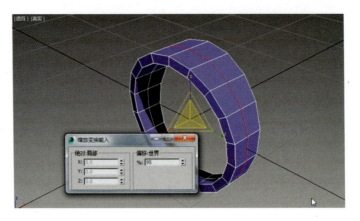

图 5-29　缩小中间结构线

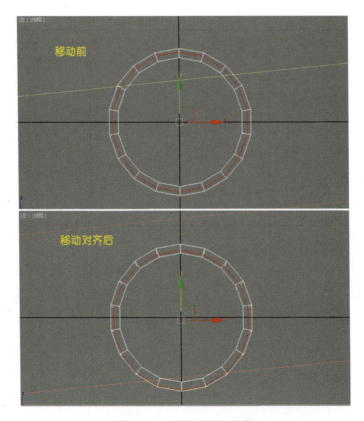

图 5-30　移动对齐底边线

余下步骤就是选边线并切角,见图 5-31。随后开启细分曲面,见图 5-32。完成的模型可以输出 3ds、iges、stl 等格式到渲染软件中渲染,模拟实物效果。

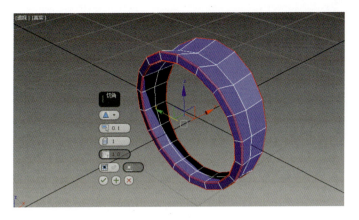

图 5-31 选边线并切角

图 5-32 开启细分曲面后的效果

案例6
近似心形曲面吊坠制作

造型特征分析

- 主体形状呈现流线型,可以使用样条线绘制产生基础结构。
- 圆滑曲面可以开启曲面细分的"使用NURMS细分"并设置迭代参数来实现光滑。

在透视图的"真实"按钮上点击,在弹出的菜单里选择"边面"显示模式,见图6-1。在创建面板的"样条线"中,选择"线"创建工具,见图6-2。

图6-1 设置"边面"显示模式

图6-2 "线"创建工具

在创建方法栏目里设置顶点产生的类型(图6-3),并激活顶视图(上视图)为操作视图,绘制如图6-4所示的图形。

提示： 激活的操作视图可以看到他视图的边框变成亮黄色。激活后，创建的物体的基础坐标会以对应的视图坐标为参考。

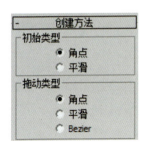

图6-3 线创建方法设置：顶点类型

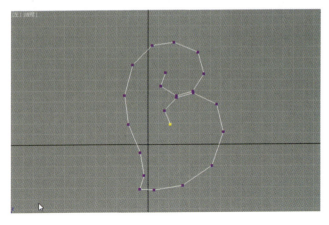

图6-4 绘制样条线

切换到修改面板，进入Line的样条线层级（图6-5），选择"轮廓"工具，在顶视图（上视图）点击拖动鼠标就可以产生近似平行的封闭轮廓，见图6-6。

图6-5 进入样条线

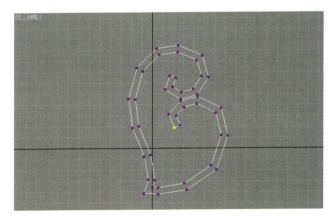

图6-6 使用"轮廓"工具

使用"选择移动"工具编辑顶点位置，如图6-7所示。

提示： 不能让线段出现交叉的结构。

提示： 移动调整顶点位置有可能把原来的直线变成曲线。如果变成了曲线，系统会自动为它插入6个顶点，以保证曲线的弧度。但是多边形编辑就是想通过简洁的顶点设置来实现形状的控制，并不希望出现过多的顶点。因此，这里必须使用视图操作区的右键工具，把所有顶点选中，右击后选择"角点"，见图6-8。如果不做这个角点转换，会给后续的编辑工作造成巨大的麻烦，因为两个顶点间系统自动增加了6个顶点。

把样条线转换为可编辑多边形，有多个地方可以实现转换。

（1）在修改面板的Line（样条线）选项上右击，选择"转换为：可编辑多边形"。

（2）在操作视窗中选择物体，右击后在右击菜单里同样有"转化为"选项，选择"转化为可编

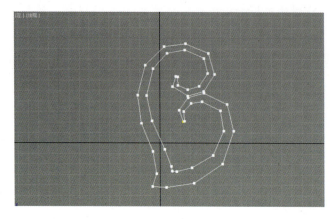
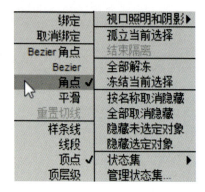

图6-7 移动调整顶点位置　　　　　图6-8 视窗右击并选择"角点"属性

辑多边形"。

(3)菜单栏的"修改器"菜单里也有"转换为"选项。

进入多边形层级(图6-9),使用"挤出多边形"命令,对选择的红色多边形面进行挤出操作,参数设置见图6-10。

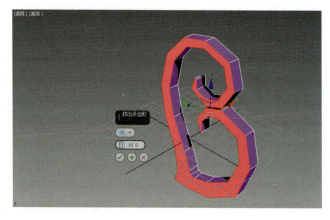

图6-9 进入多边形层级　　　　　图6-10 多边形挤出设置

挤出后删除该多边形面(因为该多边形面产生了错误的连接边线,图6-11),选择两个顶端位置的两个连接多边形并删除(图6-12)。删除后就形成了两块边面对应的多边形面,它们的边数一样多,而且两两对应。这样类型的对应边面结构可以使用边界桥工具快速连接,构建产生封闭的形态。

进入边界层级,选择"桥"工具,连接对应的边界(图6-13)。

在细分曲面栏目里,选择"使用NURMS细分"选项,并把显示迭代次数设置为3,如图6-14所示。

该案例在曲面生成上还可以使用别的方法。在挤出多边形后删除多边形面(因为该端面的连接结构线是错误的,并不是对应顶点间的连接线),随后进入边界层级,见图6-15。

选择顶面边界和背面边界(图6-16),使用"封口"工具(图6-17),把整个模型封闭。

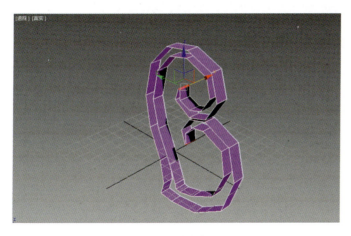

图 6-11 删除多边形

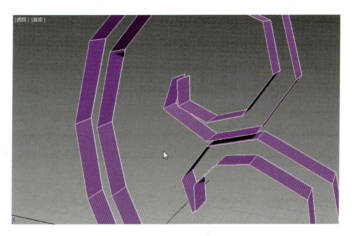

图 6-12 删除后的结构

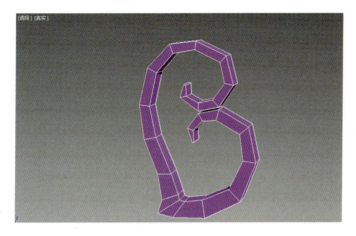

图 6-13 边界桥后的效果

图 6-14 开启细分曲面

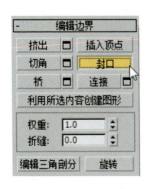

图 6-15 进入边界层级

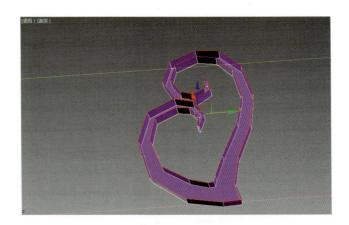

图 6-16 选择挤出的多边形另一个端面边界封口

提示：边界封口后（图 6-18），上下端面上没有连接线，一旦开启曲面细分的光滑设置，曲面将收缩为一团，因此必须想办法在端面上创建连接线。

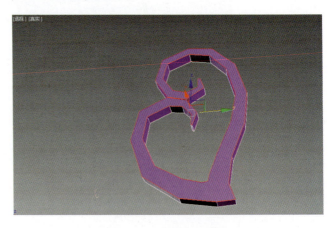

图 6-17 边界"封口"工具　　　　　　图 6-18 边界封口效果

进入顶点层级,使用编辑顶点栏目里面的"连接"工具产生端面的连接线(图6-19)。在顶视图依次框选对应的顶点后,点击"连接"按钮。使用该工具时不能多选,否则会产生不需要的连接线。连接效果见图6-20。

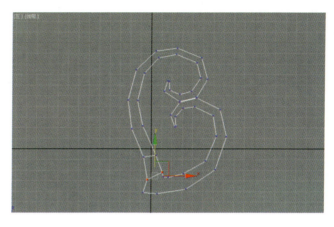

图6-19 "连接"工具　　　　　　　图6-20 顶点连接效果

提示：顶点"连接"工具是两顶点间产生边线的一种方式,如果数量少,确实很实用。但在本案例中,由于连接对应顶点多,需要反复选取与连接,所以步骤繁琐,这样的连接结构,建议使用对应结构边界桥接方式产生,速度会快很多。

对于挤出的结构,在顶视图操作时前后顶点是处于叠加的状态,如果采用点选的方式选择顶点会忽略背后的顶点,这样会造成背面没有产生连接结构。建议遇到叠加顶点的情况时使用框选的方式,保证前后顶点都被选中。

在完成连接后(图6-21),对顶点的位置进一步调整。

完成调整后,在细分曲面栏目里,选择"使用NURMS细分"选项,并把显示迭代次数设置为3,完整的模型就可以输出stl格式到keyshot软件中渲染。赋钛金属材质渲染效果见图6-22。

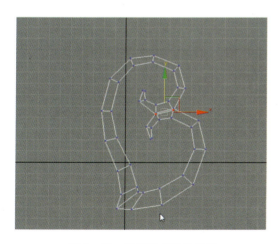

图6-21 连接完成后的效果　　　　图6-22 赋钛金属材质渲染效果

案例7
近似平行结构三角套叠吊坠制作

造型特征分析

- 三角形造型内外轮廓近似平行对应,使用样条线"轮廓"工具制作。
- 对称交叉套叠结构,可以使用镜像复制工具产生。

在透视图的"真实"按钮上点击,在弹出的菜单里选择"边面"显示模式。在创建面板的"样条线"中,选择"多边形"创建工具,见图7-1。在左视图中点击拖动鼠标绘制图形,进入参数栏目设置多边形样条线参数,边数为3条,半径为10mm,见图7-2。

图7-1 样条线"多边形"工具

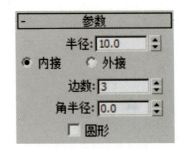

图7-2 设置多边形参数

把三角形样条线的坐标中心设置到坐标原点(图7-3),目的是为了方便在后续的编辑步骤中观察吊坠造型的对称情况。

在修改面板里,右击"NGon"(多边形),在右键菜单里选择"转换为:可编辑样条线",见图7-4。

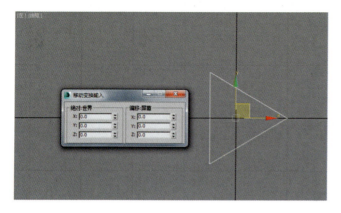
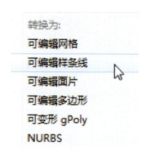

图7-3 设置三角形中心的坐标与系统原点对齐　　　　图7-4 转换为:可编辑样条线

进入样条线顶点层级,在选择栏目里勾选"锁定控制柄",使用"选择移动"工具(图7-5)。在左视图中移动调整其中一个控制柄位置,由于控制柄处于锁定状态,在边界调整一个控制柄时其他控制柄会跟随发生相应的变化(图7-6)。

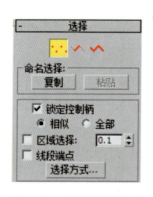
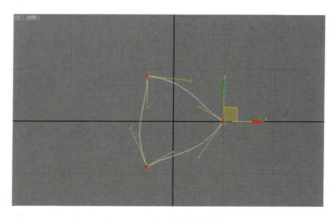

图7-5 设置锁定控制柄　　　　　　　图7-6 移动调整控制柄

进入样条线层级(图7-7),在"几何体"栏目里选择"轮廓"工具,见图7-8。在左视图中,点击拖动鼠标就可以产生近似平行的封闭轮廓,见图7-9。

进入"插值"栏目,设置插值步数为4(图7-10)。

提示: 插值是在目前能看见的顶点间均匀地插入4个顶点,但在样条线模式下是看不到插入顶点的,只有转换为"可编辑多边形"后才会显示。

在修改面板右击"可编辑样条线",在弹出右击菜单里选择"转换为:可编辑多边形",完成多边形转换,见图7-11。

进入多边形层级,使用"挤出多边形"工具,参数为挤出高度2mm,见图7-12。

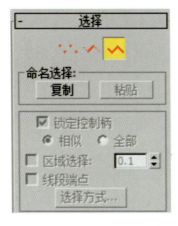
图 7-7 进入样条线层级

图 7-8 使用"轮廓"工具

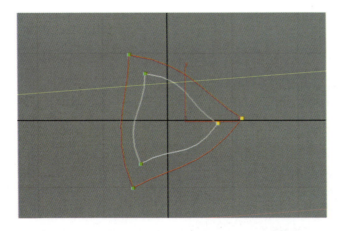
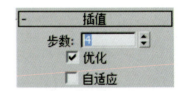
图 7-9 使用"轮廓"工具产生近似平行轮廓　　图 7-10 设置插值步数

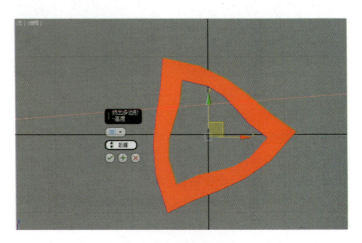
图 7-11 转换为:可编辑多边形　　图 7-12 挤出多边形

挤出后,删除刚刚用以挤出的多边形面,见图 7-13。由于该多边形面有一条错误的连接线,造成连接边线不对应,所以将其删除,从而构建出一对近似平行的对应多边形结构。

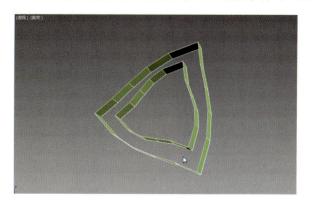

图 7-13 删除红色多边形面

随后进入边界层级(图 7-14)。使用边界"桥"工具,在图 7-15 所示的位置,选择相对应的边界桥接起来,桥完成的效果见图 7-16。

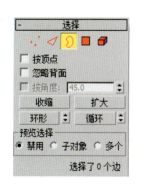 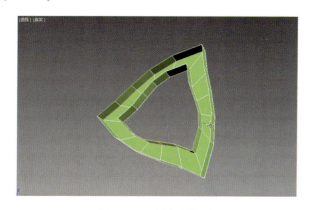

图 7-14 进入边界层级　　　　　图 7-15 桥接底端面

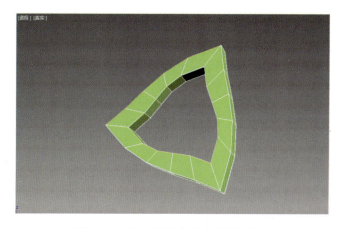

图 7-16 整个桥接完成形成封闭造型

进入边层级(图7-17)。使用"Ctrl"按健,双击循环选中图7-18中3个位置的切面边线轮廓。

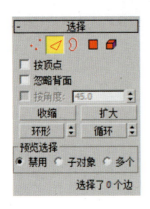
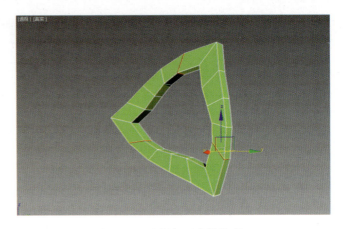

图7-17 进入边层级　　　　　　　　图7-18 选择切面边线轮廓

在前视图中,使用"移动变换输入"对话框将轮廓上移2mm,见图7-19。

在细分曲面栏目里,选择"使用NURMS细分"选项,并把显示迭代次数设置为3(图7-20),使造型产生光滑效果。

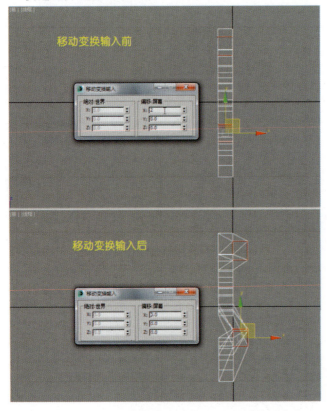
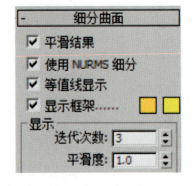

图7-19 使用"移动变换输入"移动轮廓　　　　图7-20 细分曲面

关闭边层级,使用物体的原本坐标系,左视图选择"镜像"工具来复制吊坠,镜像轴选择XY,"克隆当前选择"选项使用"复制"模式,见图7-21。这样可以完成套叠效果,见图7-22。

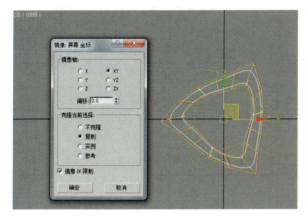

图7-21 镜像复制

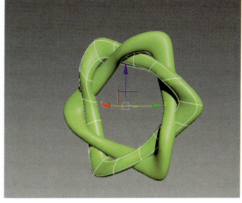

图7-22 镜像复制效果

提示: 镜像复制是对称结构制作的重要工具,镜像复制的参照轴向是激活视图的坐标轴向,因此,相同的设置在不同视图进行操作,产生的效果是不同的。在镜像实施前,需要仔细观察对称结构的发生位置,以及目前物体的坐标中心点情况。

随后可以输出3ds、stl、iges等格式到渲染软件中去渲染,快速模拟逼真的实物效果(图7-23)。

图7-23 渲染效果

案例8
渐变曲面开口戒指制作

造型特征分析

- 戒指顶部曲面渐变，可以通过"顶点软选择变形调整"来实现。
- 戒指内圈为平面造型，通过"边切角"工具实现边棱结构设置。

在透视图的"真实"按钮上点击，在弹出的菜单里选择"边面"显示模式。在创建面板的"标准基本体"中，选择"管状体"创建命令（图8-1）。

在左视图中通过3次点击鼠标左键并拖动来设置管状体的外径、内径和高度，创建出一个管状体（图8-2）。半径1、半径2、高度为随意参数，其他参数采用的是默认值，边数为18，高度分段数为5，端面分段数为1。

进入修改面板，重设管状体的参数，如图8-3所示。

- 半径1（外径）：6mm
- 半径2（内径）：5mm
- 高度（戒壁宽）：1.2mm
- 高度分段：2

图8-1 "管状体"创建命令

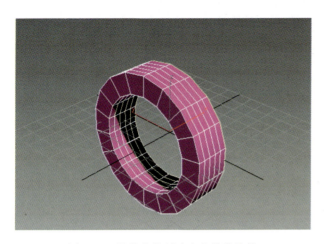
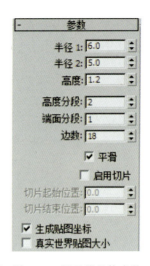

图 8-2 默认参数创建产生的管状体　　　　图 8-3 设置管状体参数

- 端面分段:1
- 边数:18
- 其他参数使用默认值

选中管状体,进入层次面板,在"调整轴"栏目里打开"仅影响轴"按钮,"对齐"栏目里点击"居中到对象"命令,如图 8-4 所示。这样能够把默认在一个端面上的坐标中心调整到对象中心位置。

随后右键点击移动选择按钮 ✥,将圆柱体的位置调整到坐标原点(X、Y、Z 三个轴向参数都修改为 0,图 8-5),管状体的中心位于透视图坐标中心(图 8-6)。

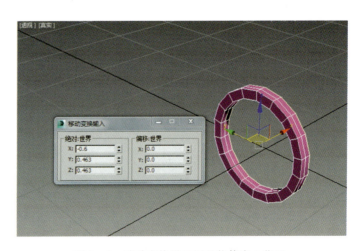

图 8-4 居中对象中心　　　　图 8-5 移动变换设置调整物体中心位置

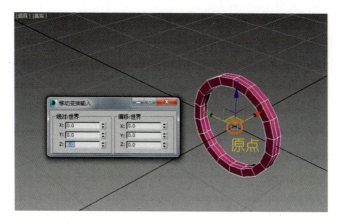

图8-6 物体中心点对齐原点

切换到修改面板中,选中"Tube"(管状体)标签(图8-7),右击后在菜单里选择"转换为:可编辑多边形"(图8-8)。

图8-7 "Tube"管状体标签

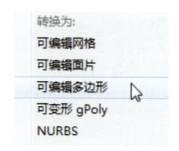

图8-8 转换为:可编辑多边形

进入多边形层级,使用编辑多边形模式编辑该戒指造型(图8-9)。

框选图8-10左图右上角的多边形,按下键盘"Delete"键,删掉该位置多边形,目的是为了制作开口效果。

图8-9 进入多边形层级

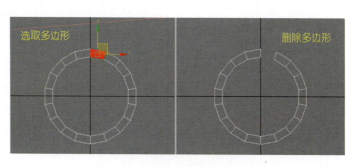

图8-10 选择并删除多边形

进入边层级(图8-11),在透视图里使用"编辑边"栏目里的"桥"工具(图8-12),把开口位置的边桥接起来,见图8-13、图8-14。

提示: 也可以考虑使用边界封口工具,随后使用点连接工具制造相同的效果。

 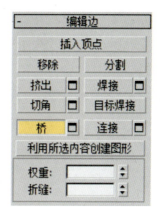

图8-11 进入边层级　　　　图8-12 选择"桥"工具

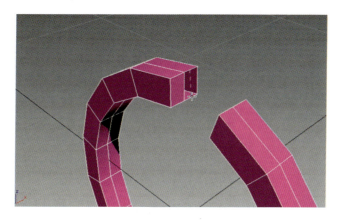

图8-13 边桥接

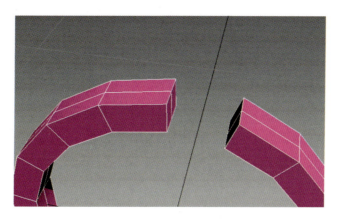

图8-14 边桥完成效果

进入顶点层级(图8-15),使用"选择移动"工具,在左视图中调整图8-16所示的顶点位置,产生渐变效果。

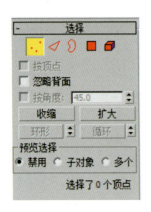

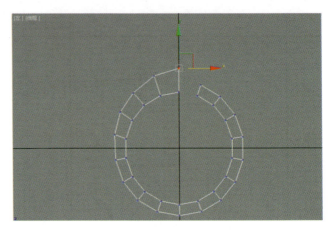

图8-15 进入顶点层级　　　　　　　　图8-16 调整顶点位置

使用软选择功能可以通过衰减值的大小来控制跟随变形的权重,如果希望产生渐变效果,软选择是一个非常实用的工具。开启软选择并设置衰减值为5,边距离为2(图8-17)。

开启后顶点的颜色会呈现暖色到冷色的渐变过渡,靠近选中的顶点位置为暖色系的红色,远离选择顶点的位置呈现冷色系的绿色、蓝色(图8-18)。顶点未被选中的状态是蓝色。当编辑顶点的时候变形的幅度是根据暖色到冷色逐渐递减。

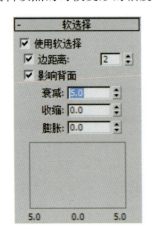

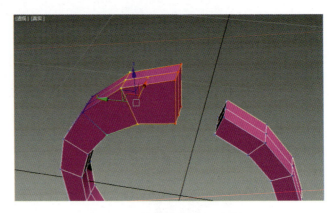

图8-17 开启并设置软选择　　　　　　图8-18 软选择的渐变显示效果

使用单一轴向缩放工具配合软选择工具实现渐变放大造型(图8-19)。右击"单轴向选择缩放"按钮,在透视图中设置变换输入对话框 X 轴向数字为200,即沿着 X 轴向放大到原来大小的2倍。

提示: 这里也可以使用选择缩放工具,在透视图中沿着如图8-18所示的 X 轴向,逐个选取并放大截面轮廓。在放大的过程中,左视图能清晰地看出切面的位置,因此需要在左视图进行框选,随后切换到透视图里进行单一轴向放大处理。通过逐个调整的方式产生渐变放大

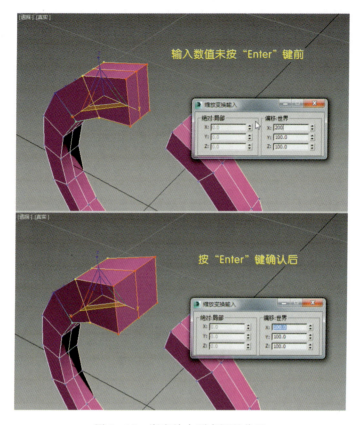

图 8-19 渐变放大顶点调整位置

的造型,这种方法对比开启选择的方法,相对原始繁琐,但也切实可靠。如果需要编辑调整的结构内容不多,且不需要精确控制,可以选择这种方法。

进入多边形层级,按图 8-20 所示的位置,在透视图中点选多边形。

提示: 这里为了避免点选时选择错误,误选背面多边形,可以打开选择栏目里面的"忽略

图 8-20 选择多边形

背面",按下"Ctrl"键点选,可以增加选择;若是错选可以配合使用键盘的"Alt"键进行删除选择。

使用编辑多边形栏目里的"倒角"工具(图8-21),在透视图中依次点击上推鼠标产生挤出倒角多边形,移动鼠标向多边形内侧收缩多边形。也可以使用倒角设置工具,逐级精确倒角(图8-22)。

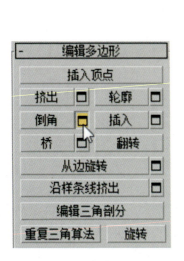

图8-21 "倒角"工具

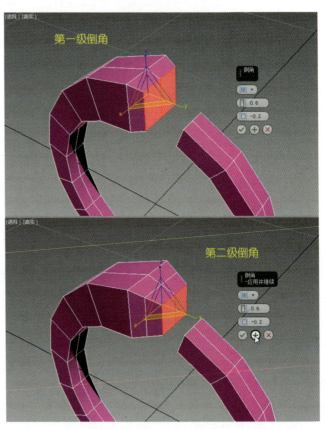

图8-22 倒角设置及精确倒角

提示: 这里同样可以配合使用"挤出设置"工具和"选择缩放"工具来产生相同的造型。

进入顶点层级,使用"选择移动"工具,在左视图中对新产生截面的内圈顶点进行调整(图8-23)。

提示: 这里应该使用框选的形式来选择顶点,否则会漏选背面顶点,造成调整错误。

按照相同的步骤编辑戒指右边部分产生渐变圆头,见图8-24。

同样在左视图中使用"选择移动"工具调整顶点位置,让戒圈的内壁形成一个圆形结构。

进入边层级,使用"边切角"工具,如图8-25选择边进行切角处理,其目的是为了在戒指的内圈产生平面,切角参数如下。

- 切角量:0.05mm
- 连接边分段数:1
- 其他使用默认设置

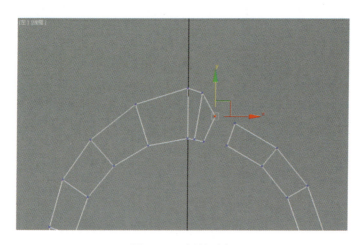

图 8-23 调整顶点

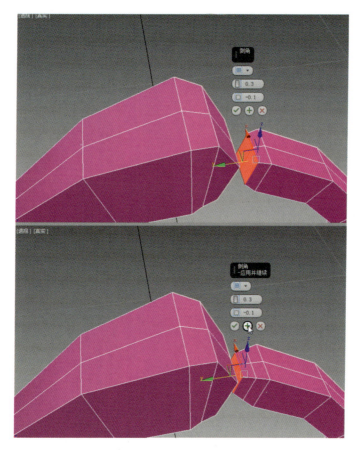

图 8-24 编辑右侧渐变造型

提示：为了方便选择，这里可以使用鼠标双击的方式实现边循环选择，修改面板中"选择"栏目里的"循环"按钮也能实现同样的功能。在选择过程中，需要在透视图中仔细查看各视角情况，避免漏选。

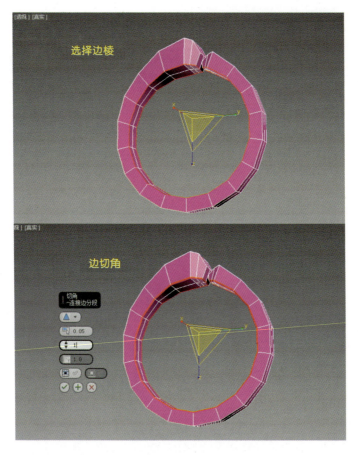

图 8-25 选边、切角

在"细分曲面"栏目里,选择"使用 NURMS 细分"选项,并把显示迭代次数设置为 3,让造型产生光滑效果。

随后可以把完成的模型(图 8-26)输出 3ds、stl、iges 等格式到渲染软件中去渲染,快速模拟逼真的实物效果。

图 8-26 完成模型效果

案例9
紧箍咒款开口戒指制作

造型特征分析

● 戒圈形状呈管状体结构,顶部开口对称弯曲,使用镜像工具产生对称造型,弯曲结构可以通过调整顶点或者沿多边形挤出产生。

● 戒指内圈呈平面结构,内圈边线有明显棱线结构,使用边切角工具可以产生这样的结构。

在透视图的"真实"按钮上点击,在弹出的菜单里选择"边面"显示模式。在创建面板的"标准基本体"中,选择"管状体"创建工具,见图9-1。

在左视图中通过3次点击鼠标左键并拖动来设置管状体的外径、内径和高度,创建出一个圆柱体,见图9-2。

管状体创建后,进入修改面板,重设管状体的参数(图9-3)。修改设置后管状体的效果见图9-4。

选中管状体,进入层次面板,在"调整轴"栏目里打开"仅影响轴"按钮,"对齐"栏目里点击"居中到对象"命令,如图9-5所示。这样能够把默认在一个端面上的坐标中心调整到对象中心位置。对齐后的效果见图9-6。

随后右键点击"移动选择"按钮,在弹出的"移动变换

图9-1 "管状体"创建命令

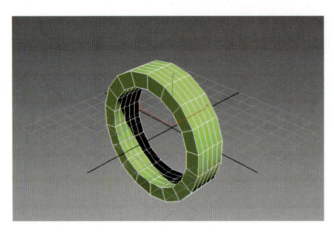 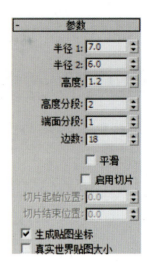

图 9-2 创建管状体　　　　　　　　　　图 9-3 设置管状体参数

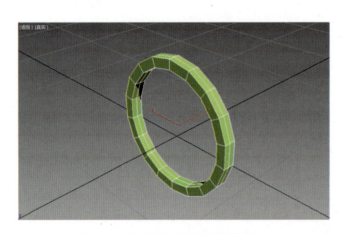 

图 9-4 修改参数后的管状体效果　　　　图 9-5 设置坐标中心对齐对象中心

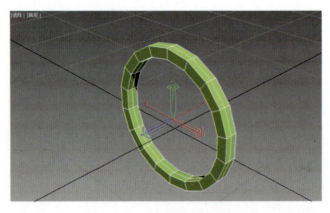

图 9-6 设置物体中心居中对齐

输入"对话框中,将圆柱体的位置调整到坐标原点(X、Y、Z三个轴向参数都修改为0,图9-7),戒圈的坐标与系统坐标系的坐标原点重合。由于开启了边面显示模式,可以清楚地看到结构线。

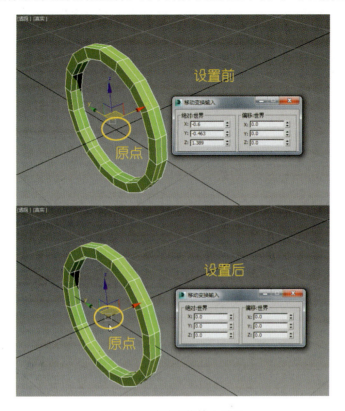

图9-7 移动变换输入设置

在修改面板中,选中"Tube"(管状体)右击,弹出如图9-8所示的右击菜单,在菜单里选择"转换为:可编辑多边形",使用编辑多边形模式编辑该戒指造型。

进入多边形层级,在左视图中框选右侧一半的多边形面(图9-9)。当多边形面变成红色后,使用"Delete"键删除,让整个管状体留下一半。

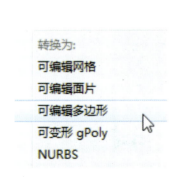

图9-8 转换为:可编辑多边形

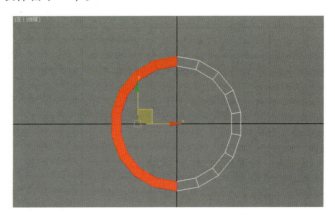

图9-9 框选多边形并删除

关闭子层级编辑模式(图9-10),子层级没有被选择,这样物体中心会自动切换为原来物体中心,与坐标原点重合。

在左视图中使用"镜像复制"工具,见图9-11。镜像轴选择为X轴,"克隆当前选择"设置为"实例",这样能够把戒圈重新变为一个完整的圈。但由于左右实例模式对称,因此只要调整其中一半的造型,另外一半会跟随发生相应的变化。

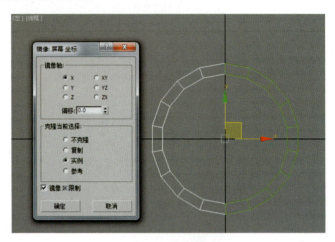

图9-10 关闭子层级编辑模式　　　　　图9-11 镜像实例复制

点选右侧一半戒圈,在修改面板中进入边层级,在顶视图配合使用"选择移动"和"选择旋转"工具调整控制点位置。

提示: 选择边时在左视图中找到需要编辑的边,通过双击来完成对应边轮廓的选择(图9-12)。随后要切换到顶视图中继续移动和旋转调整轮廓的位置(图9-13)。

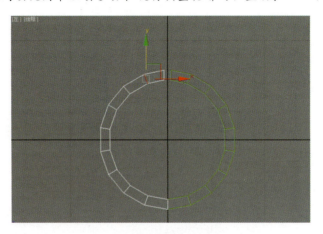

图9-12 双击选择边对应的轮廓

进入边层级,在编辑边栏目里使用"桥"工具,选择图9-14所示位置的边桥连接,将其封口。

进入多边形层级,选择封口位置多边形,使用"多边形挤出"工具,在顶视图多次挤出并旋转调整多边形位置,见图9-15～图9-17。

提示: 这里的挤出并调整步骤可以使用"沿样条线挤出多边形"工具快速实现。

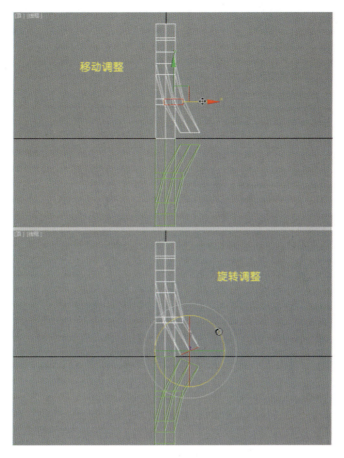

图 9-13 移动并旋转调整轮廓

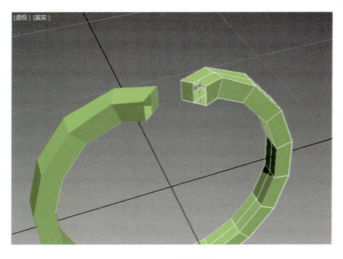

图 9-14 桥接封口

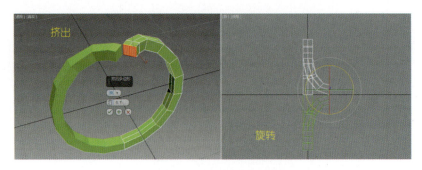

图9-15 多边形挤出并旋转

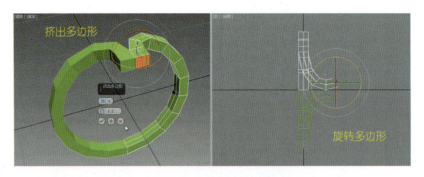

图9-16 多次挤出并旋转多边形1

图9-17 多次挤出并旋转多边形2

调整封口中间连接边线位置,产生外凸的结构。连接后,在顶视图(上视图)使用"选择移动"工具,移动调整线的位置,图9-18是调整完成后的效果。

把编辑完成的半边戒圈转换为可编辑多边形,以此消除实例的跟随属性。随后使用"编辑几何体"栏目里的"附加"工具(图9-19),把左右两部分戒圈附加起来,变为一个整体。

提示:左右各一半的戒圈任选其一,之后必须再使用一次"转换为:可编辑多边形",才能使用附加工具。

附加后,整个戒圈是一个整体,因此整个戒圈都会处于编辑状态,但是戒指顶部仅仅是控制点叠在一起而已,并未焊接起来形成封闭结构(图9-20)。

进入顶点层级,框选顶部叠加的顶点,见图9-21。使用"焊接设置"工具,焊接距离设置

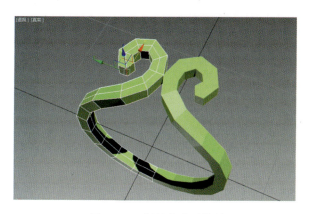
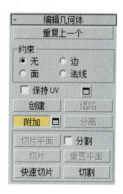

图9-18 调整完成后效果　　　　　　图9-19 "附加"工具

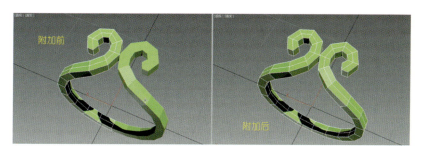

图9-20 附加

图9-21 选择底部叠加顶点并焊接

参数为0.1mm,这时可以看到焊接之前与焊接之后的顶点数是不同的。

　　进入边层级,选择如图9-22所示的戒圈内边棱线,并使用"边切角"工具,切角参数设置如下(图9-23)。

- 切角量:0.1mm
- 分段数:1
- 其他参数采用默认值

在"细分曲面"栏目里(图9-24),选择"使用NURMS细分"选项,并把显示迭代次数设置为3,使造型产生光滑效果。

随后可以把完整模型(图9-25)输出3ds、stl、iges等格式到渲染软件中去渲染,快速模拟逼真的实物效果。

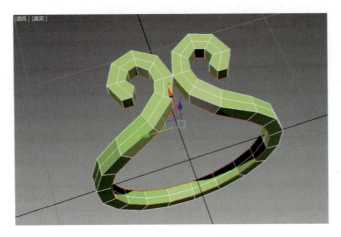

图 9-22　选择内圈边棱线

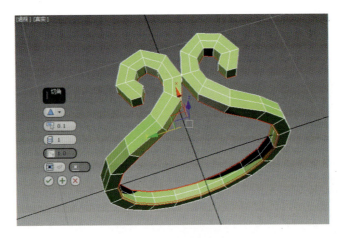

图 9-23　边切角设置

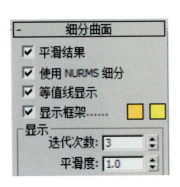

图 9-24　细分曲面设置

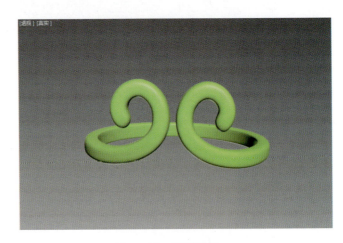

图 9-25　模型效果

案例10
扭曲弧面戒指制作

> 造型特征分析

- 戒圈顶呈现翻转带状结构,可以通过"沿样条线挤出"工具来产生弯曲翻转结构。
- 翻带结构厚薄与其他部分有区别,但过渡光滑,通过边切角工具实现边棱光滑度设置,之后使用顶点目标焊接切角产生的尖点,实现渐变过渡。
- 戒指内壁呈现平面造型,外表面呈现圆滑状,可以局部边切角来产生光滑限制结构,控制平面结构的产生。

在透视图的"真实"按钮上点击右键,在弹出的右击菜单里选择"边面"显示模式。在创建面板的"标准基本体"中,选择"管状体"创建命令,见图10-1。

在左视图中通过3次点击鼠标左键并拖动来设置管状体的外径、内径和高度,创建出一个圆柱体。创建完成的透视图效果见图10-2。

管状体创建后,进入修改面板,重设管状体的参数,如图10-3所示。

选中管状体,进入层次面板,在"调整轴"栏目里打开"仅影响轴"按钮,"对齐"栏目里点击"居中到对象"命令,如图10-

图10-1 "管状体"创建命令

4所示。这样能够把默认在一个端面上的坐标中心调整到对象中心位置。

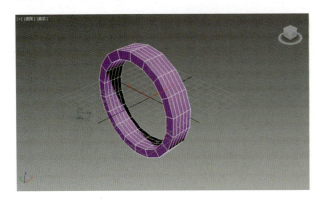

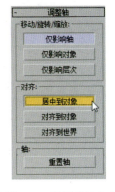

图10-2 创建完成的透视图效果　　　图10-3 重设管状体参数　　图10-4 设置坐标中心对齐对象中心

随后右键点击"移动选择"按钮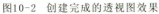，使用"移动变换输入"对话框，将圆柱体的位置调整到坐标原点，把"绝对：世界"的 X、Y、Z 三个轴向参数都修改为 0。设置参数前，物体中心点没有与坐标原点对齐（图10-5）。

图10-6为重设参数后，物件坐标对齐原点的透视图戒指显示效果。戒圈的坐标与系统坐标系的坐标原点重合，由于开启了边面显示模式，可以清楚地看到结构线。

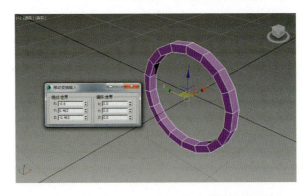

图10-5 重设戒指绝对坐标参数前的效果

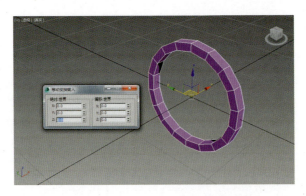

图10-6 物体中心位置与坐标原点重合

在修改面板中,选中"Tube"(管状体)右击,在菜单里选择"转换为:可编辑多边形"(图10-7),使用编辑多边形模式编辑该戒指造型。

进入多边形层级编辑。框选图10-8所示的多边形,做删除处理。由于该位置是戒指顶部,将创建出翻带结构,需要删除多余的多边形面。但图示左边多删除一段,其目的是为了给渐变过渡的衔接曲面预留空间。

图10-7 将Tube转换为:可编辑多边形

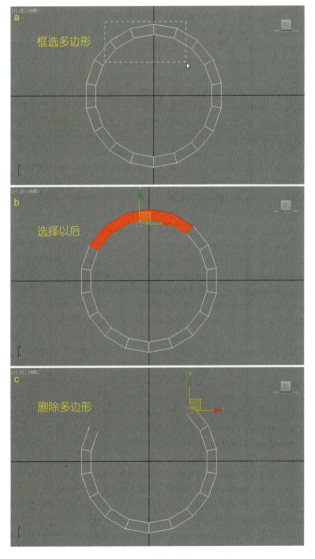

图10-8 选择并删除多边形

进入边界层级(图10-9),再选择右侧的边界轮廓,做封口处理(图10-10),目的是在边界里产生一个平面。

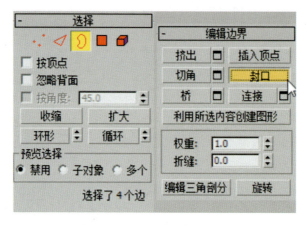

图10-9 选择边界"封口"工具

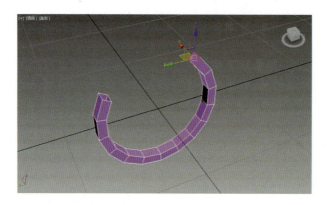

图10-10 边界封口

随后再次进入多边形层级,选择刚刚封口形成的多边形面(图10-11),使用"编辑几何体"栏目里的"分离"工具,在分离对话框中选择"分离到元素"选项分离出该多边形面(图10-12)。

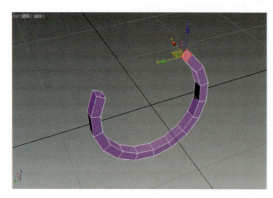

图10-11 选择多边形

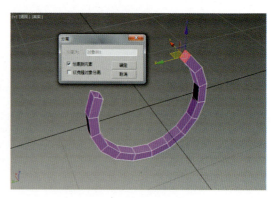

图10-12 分离到元素

分离后，多边形的变形将相对独立，与原来的管状体不再关联。分离后即可以对该多边形进行修改调整。由于翻带结构的厚度没有其他位置的厚度那么厚，但宽度相同，所以这里要对多边形进行单一轴向压缩。为了让变形的形式沿着多边形平面的方向来实施，这里需要切换选择缩放的坐标，默认为视图坐标，这里需要调整为局部坐标 局部，收缩的效果见图10-13。

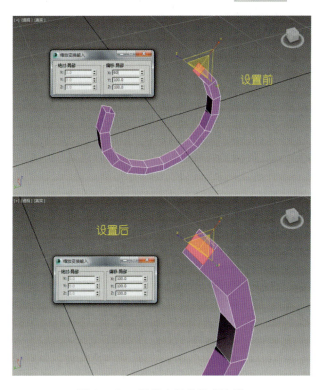

图10-13 局部坐标收缩多边形

再次进入创建面板，选择图形创建选项里面的"弧"工具（图10-14）。在左视图中点击拖动鼠标随意创建一条圆弧（图10-15）。

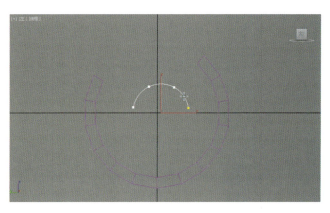

图10-14 "弧"创建工具　　　　图10-15 创建弧

在弧处于选择状态,右键点击"移动选择"按钮 ✥ ,将圆柱体的位置调整到坐标原点,就是把"绝对:世界"的 X、Y、Z 三个轴向参数都修改为 0。图 10-16 中调好后的图为左视图看到的结构,调整前弧处于戒圈顶部 4 段切面间隔之间。

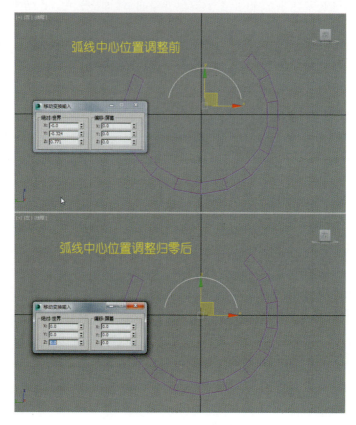

图 10-16　弧中心位置归零

进入修改面板,设置弧的参数,见图 10-17。
设置参数后,在左视图中看到的戒圈与弧的相对位置情况见图 10-18。

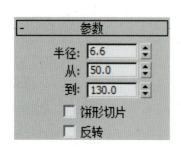

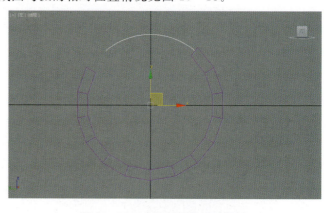

图 10-17　设置弧的参数　　　　　　　图 10-18　戒圈与弧的相对位置

选择戒圈物体,并进入多边形层级,选取之前分离出来并单轴向收缩的多边形面,见图 10-19。

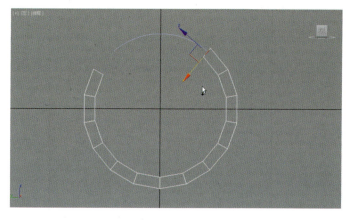

图 10-19 选择分离收缩后的多边形

在"编辑多边形"栏目里点击"沿样条线挤出"设置按钮,见图 10-20。随后点击拾取弧,可以看到如图 10-21 所示的造型。

图 10-20 "沿样条线挤出"工具

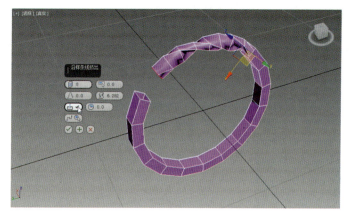

图 10-21 设置沿样条线挤出参数

参数设置如下。
- 分段数:8
- 锥量化:0
- 锥量曲线:0
- 扭曲:6.282(弧度,多边形扭曲旋转360°)
- 样条线对齐:沿样条线挤出
- 旋转:0

在左视图中选择并删除如图 10-22a 所示的右侧一段多余的多边形,并同样删除用以沿样条线挤出的多边形,见图 10-22b。

提示: 删除右侧一段多边形的目的是为了给后续的连接步骤预留连接空间;而删除沿样条线挤出的多边形目的是为了让连接步骤顺利实施。一端封口无法与另一端开口的多边形开展桥连接操作。

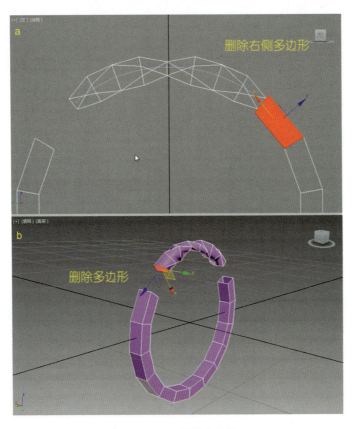

图10-22 删除多边形

进入边界层级,使用边界"桥"工具,见图10-23。找到对应的边线,桥接起来,见图10-24。

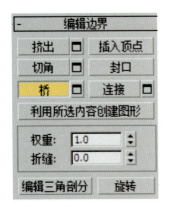

图10-23 边界"桥"工具

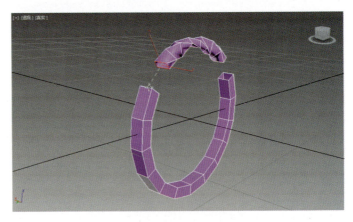

图10-24 边界桥接

左右两边都桥接后,进入边层级,循环选择如图 10-25 所示的边,进行边切角处理。切角的目的是为了限制曲面的圆滑程度,产生棱角分明的边界结构。

切角的参数设置如下。
- 切角度量:0.1mm
- 其他参数采用默认值

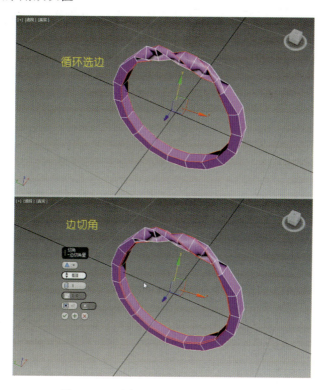

图 10-25　循环选边并进行边切角处理

在细分曲面栏目里,选择"使用 NURMS 细分"选项,并把显示迭代次数设置为 3。完成的模型效果如图 10-26 所示。模型可以输出 stl 格式到 keyshot 软件中渲染。

图 10-26　完成的模型

案例11
起伏弧面吊坠制作

造型特征分析

● 方形的主体机构,单元元素4个环形重复,可以使用阵列产生4个实例关联的单元,并编辑调整其中一个。

● 起伏表面可以使用高低桥接的方式产生。

在创建面板点击"图形创建"按钮(图11-1),选择样条线类型里的"矩形"工具在顶视图里创建一个带圆角的矩形框。

参数设置图如下。

- 长度:30mm
- 宽度:30mm
- 角半径:0mm

使用"选择移动"工具的右击功能,在右击后的"移动变换输入"对话框里,把矩形框的中心位置设置在坐标原点,见图11-2。创建该框的目的是为后续的制作提供一个参考,让后续的造型围绕矩

图11-1 "矩形"创建工具

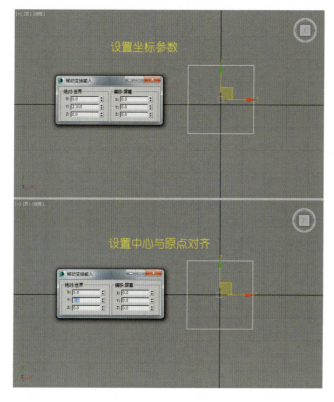

图 11-2 重置方框中心位置

形框来制作。

再回到创建面板,点击"几何体创建"按钮,选择标准基本体类型里的"长方体"工具(图 11-3),在顶视图里创建一个长方体。

进入修改面板设置长方体参数,见图 11-4。

图 11-3 "长方体"工具

图 11-4 设置长方体参数

在顶视图参考矩形框的位置修改并调整长方体的相对位置(图 11-5)。在使用移动变换输入对话框,设置调整长方体位置参数后,长方体的右边缘线与矩形框的左侧边框重合,并且视图 Y 方向的顶部边界对齐。

- X 轴向:-20mm
- Y 轴向:3mm
- Z 轴向:0mm

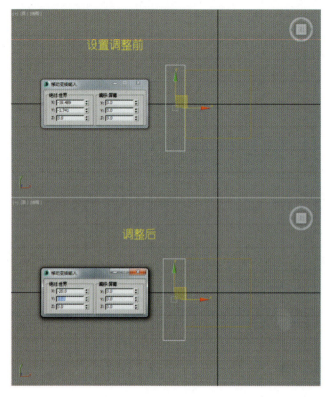

图 11-5 调整长方体位置

图 11-6 开启仅影响轴

进入层次面板,打开如图 11-6 所示的"仅影响轴"按钮,对长方体的中心位置进行设置。

使用"选择移动"工具的右击功能,在右击后的"移动变换输入"对话框里,把"绝对:世界"坐标 X、Y、Z 值都改为 0(图 11-7),设置完成后关闭"仅影响轴"按钮。

提示:这里把物体中心点设置到坐标原点,是因为阵列复制的参考中心就是物体的中心,如果没有改变中心到坐标原点,长方体陈列复制时绕着自己本身的中心旋转复制,那么产生的新长方体将堆叠在一起。但是如果绕着坐标原点旋转复制,那么产生的长方体就将分布在参考正方形相框的四周。

在修改面板中,选中"Box"(长方体)右击,在菜单里选择"转换为:可编辑多边形"(图 11-8),使用编辑多边形模式编辑该戒指造型。

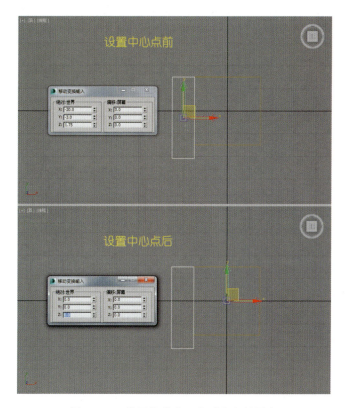

图 11-7 设置物体中心点对齐坐标原点

图 11-8 转换为:可编辑多边形

使用阵列工具采用实例方式,在顶视图,沿着 Z 轴向,间隔 90°复制长方体,数量设置为 4 个,见图 11-9。阵列后的效果见图 11-10。

提示:上述两个步骤不能颠倒,先转换成可编辑多边形后才能复制,如果步骤颠倒,复制时设置的实例属性会因为转化成多边形而消除。

进入顶点层级,在顶视图框选顶点后移动编辑位置(图 11-11)。由于阵列复制的时候开启了实例模式,当调整一个长方体时,其他长方体会跟着一起发生相同的变形。

在透视图中使用"选择移动"工具调整图 11-12 所示的顶点位置,将它的位置上移 3mm,相对位置参数见状态提示栏的 Y 轴向显示数值。

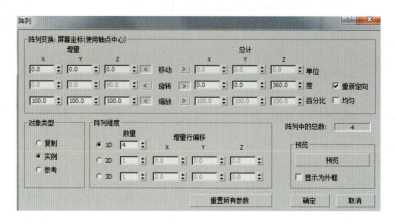

图 11-9 阵列复制长方体设置

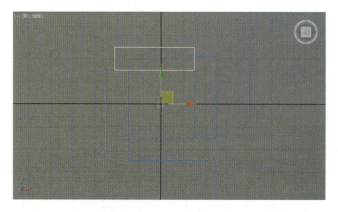

图 11-10 阵列后的效果

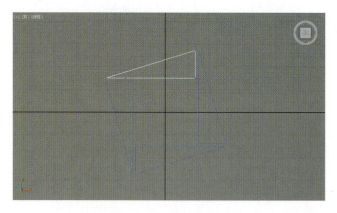

图 11-11 框选编辑顶点位置

提示：立方体围绕的中心有一个参考矩形框，这样可以比较清晰地确定顶点的位置，做出较为精确的模型。

调整好顶点位置后，使用切割工具（图 11-13），切割边线，增加边线细节（图 11-14）。

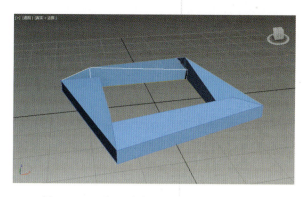

图 11-12 向上移动顶点位置产生起伏结构

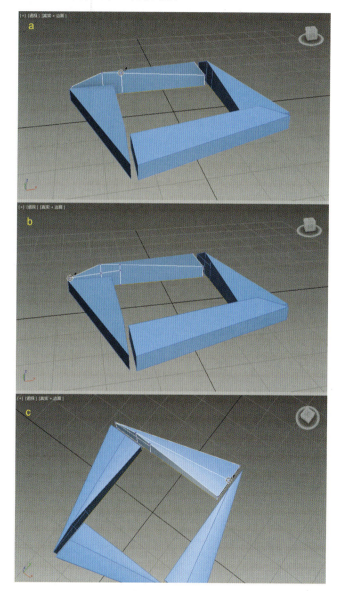

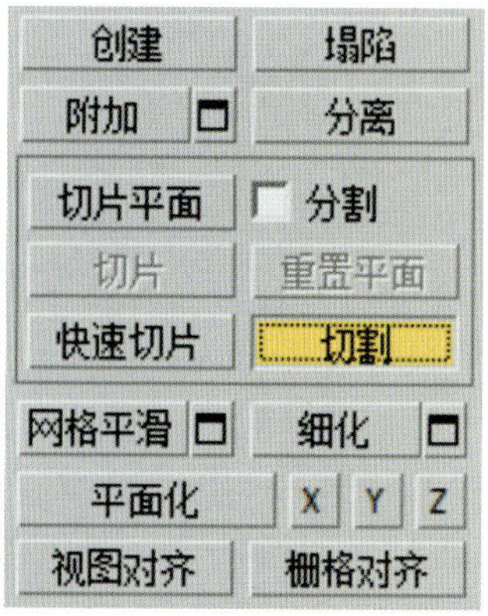

图 11-13 选择"切割"工具

图 11-14 切割产生连接结构

提示：由于4个立方体在调整完形状后，需要首位对接，连接位置的结构需要相互对应才能顺利完成这样的操作。也就是要求对接的位置，边的数量、长度、空间位置细节要相互对应。同样，顶点的数量、空间位置也要相互对应。为了产生相互对应的结构，必须重新切分边线。

在顶视图使用"快速切片"工具（图11-15），切割出截面轮廓线（图11-16），这样长方体在长度方向上的可调顶点数量会增加。

提示：快速切片是一种平面型切片方式，只是切割的位置是通过鼠标点击拖动来设置。在需要变形调整的地方进行适当的切割处理，增加顶点。进入快速切片状态后，如果希望退出切割，可以点击"快速切片"按钮，让黄色标记消失，或者右击鼠标退出命令。

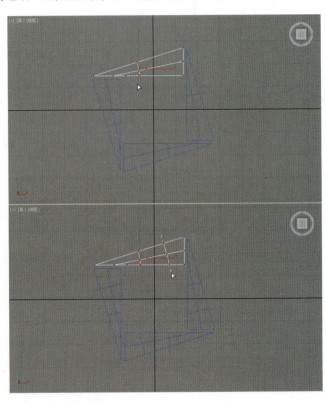

图11-15 "快速切片"工具   图11-16 切割产生截面轮廓

在顶视图中，对切割后的造型重新调顶点，让各造型之间产生合适的距离，方便连接（图11-17）。

进入多边形层级，选择并删除图11-18中选中的多边形，形成能首尾相连的空洞，这样可以使用边界桥工具将它们对接封闭起来。但是想把边界连接起来，还必须对边的对应情况进行检测，看边的数量是否对应。如果没有完全对应，就必须对边的情况继续进行修正：插入顶点增加边、移除顶点减少边。

进入顶点层级，选中底部多余顶点，使用移除工具删除（图11-19）。

提示：移除和删除是意义不同的两种让点（边）消失的方式，移除可以不影响其他周边原有结构，快捷键是"Backpace"；删除则会把关联的结构也删掉，快捷键是"Delete"。

为了把4个单元体附加合并起来，再使用边界桥工具进行连接，需要将其中一个单元体转

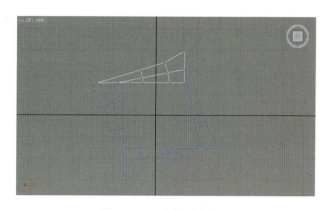

图 11-17 编辑顶点位置

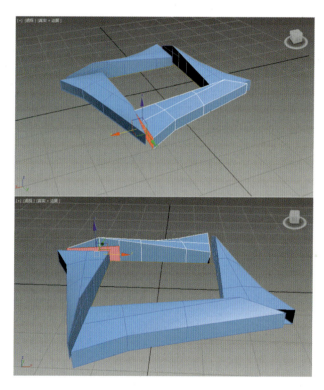

图 11-18 选择并删除多边形

换为可编辑多边形,见图 11-20。

在附加其他 3 个长方体后(图 11-21),进入边界层级,使用边界桥工具在透视图中旋转到造型的底面,桥接对应的边界(图 11-22)。

进入边层级,循环选择底部内外轮廓边界,并边切角(图 11-23)。

切角参数如下。

- 切角度量:0.2mm
- 其他参数采用默认值

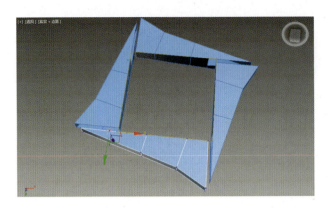

图 11-19　移除底面多余顶点

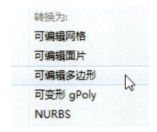

图 11-20　转换为:可编辑多边形

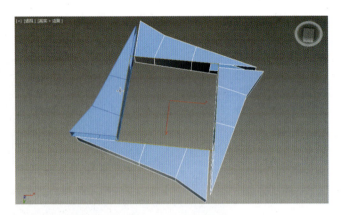

图 11-21　附加

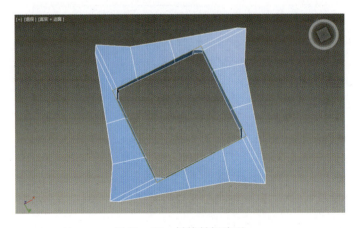

图 11-22　桥接封闭造型

在细分曲面栏目里,选择"使用 NURMS 细分"选项,并把显示迭代次数设置为3。

完成的模型(图 11-24)就可以输出 3ds、stl、iges、obj 等格式到渲染软件中渲染,以模拟逼真的实物效果。

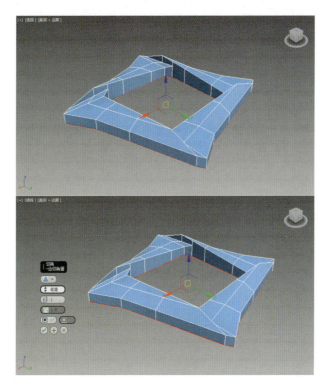

图 11-23 选择切角边线并设置切角

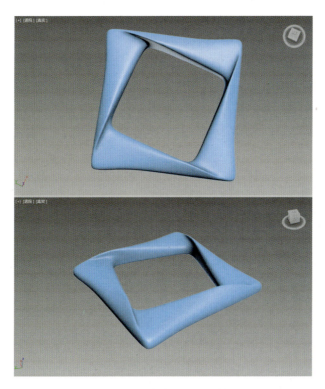

图 11-24 完成后的造型效果

案例12
对称凸起结构戒指制作

造型特征分析

- 戒指主体形状呈交叉对称结构,可以用镜像工具产生该结构。
- 形状顶厚底薄,可以通过内圈顶点调整来实现。
- 上有凸起弧面,边棱结构明显,可以使用多边形挤出工具产生凸起弧面,边切角工具限制光滑变形空间,以此产生明显边棱。

在创建面板的"标准基本体"中,选择"管状体"创建工具,见图12-1。

在左视图中通过3次点击鼠标左键并拖动来设置管状体的外径、内径和高度,使用默认参数创建出一个管状体,见图12-2。

进入修改面板,重设管状体的参数,见图12-3。

选中管状体,进入层次面板,在调整轴栏目里打开"仅影响轴"按钮,对齐栏目里点击"居中到对象"命令,如图12-4所示。这样能够把默认在一个端面上的坐标中心调整到对象中心位置,对齐后的效果见图12-5,居中后关闭仅影响轴命令。

随后右键点击"移动选择"按钮,将圆柱体的位置调整到坐标原点(X、Y、Z三个轴向参

图12-1 "管状体"创建命令

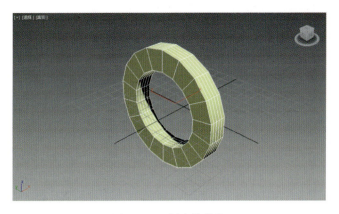

图 12-2 创建管状体

图 12-3 设置管状体参数　　图 12-4 设置坐标中心对齐对象中心

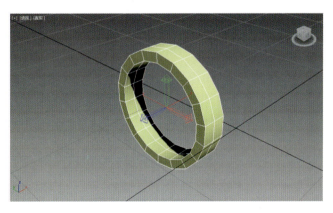

图 12-5 设置物件中心与坐标原点重合

数都修改为 0,图 12-6)。

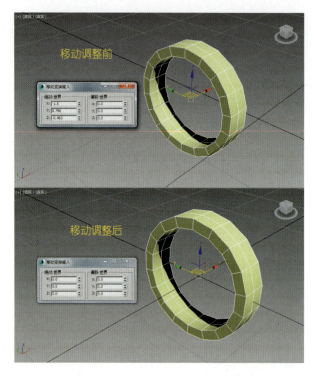

图 12-6　移动调整物件中心与坐标原点重合

在修改面板中,选中"Tube"(管状体)右击,在菜单里选择"转换为:可编辑多边形"(图 12-7),使用编辑多边形模式编辑该戒指造型。

图 12-7　将 Tube 转换为:可编辑多边形

进入多边形层级,在前视图中框选右侧半个戒圈的多边形,按"Delete"键将多边形删除掉(图 12-8)。

关闭多边形的子层级边界,让子层级选项都呈现灰色(图 12-9)。

在顶视图中,使用镜像工具实例复制多边形,形成对称结构。镜像设置见图 12-10。在上视图沿视图的 XY 轴向对称,克隆选择模式采用"实例"。

随后选择一侧的戒圈,进入顶点层级,并圈选顶部截面顶点,见图 12-11。

开启软选择,设置边距离数为 8,见图 12-12、图 12-13。

提示:软选择功能能实现快速渐变调整,把边数设置为 8 的原因是,把变化的范围控制在

· 102 ·

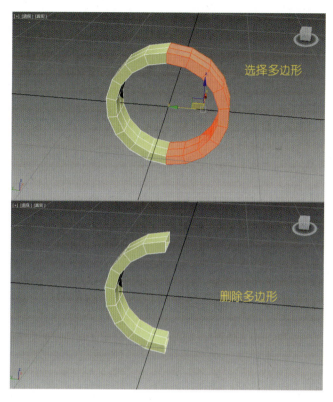

图 12-8 选择并删除多边形

图 12-9 关闭多边形编辑的子层级

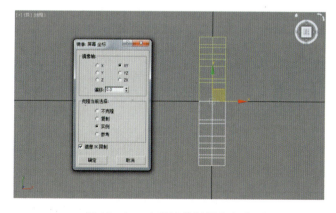

图 12-10 实例镜像复制多边形

8段边线内。

使用不等比例缩放工具,在缩放输入对话框中对顶点进行缩放调整,安装透视图坐标系的 X 轴放大 220%,其他轴向保持原来的参数不变,见图 12-14。

使用"快速切片"工具,在前视图对戒圈的顶部进行快速切割,形成戒指凸起部分的特征结构线,见图 12-15。由于戒圈是实例镜像复制,另外的半个戒圈也会跟随产生相应的切割线。

回到点层级,关闭顶点软选择,再次选择顶部轮廓位置顶点,见图 12-16。使用不等比例缩放工具,在"缩放变换输入"设置对话框中,沿着透视图 X 轴向收缩 60%。

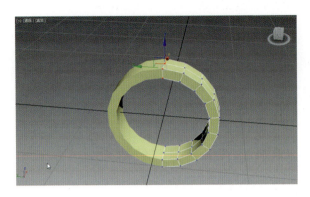

图 12-11 选择顶点

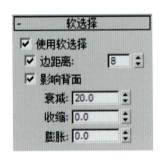

图 12-12 开启并设置软选择

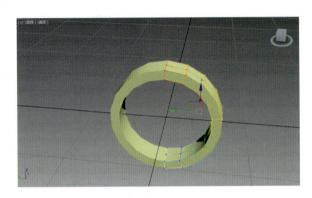

图 12-13 开启软选择后顶点的渐变色显示效果

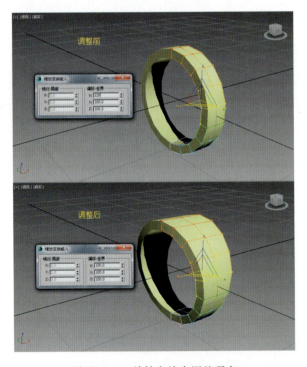

图 12-14 单轴向放大调整顶点

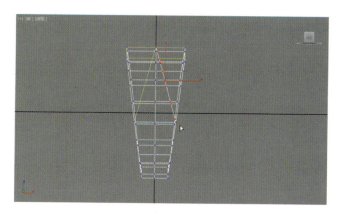

图 12-15 快速切片

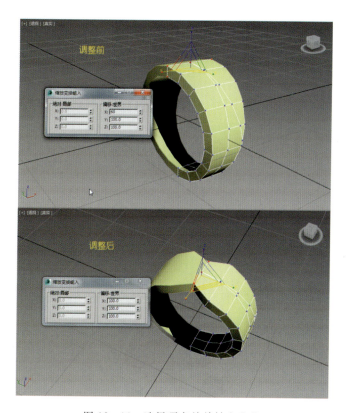

图 12-16 选择顶点并单轴向收缩

进入边层级,旋转透视图,调整到方便查看戒圈内壁角度,在戒圈内壁上选择切割产生的边线,将它们移除(可以按"Backspace"键,图 12-17)。

进入顶点层级,选择并移除圈内壁上多余的顶点,见图 12-18。

由于快速切片是通过鼠标划线设置的方式切割,因此无法做到精确穿越限定的顶点,所以我们在切完后要对顶点的位置情况进行相应的调整或者焊接合并顶点。在下边线位置需要把顶点进行焊接,以此简化造型结构(图 12-19)。

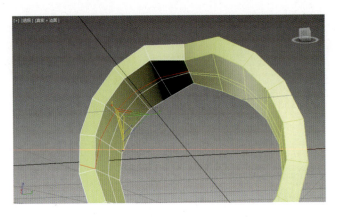

图 12-17 选择并移除圈内壁多余边

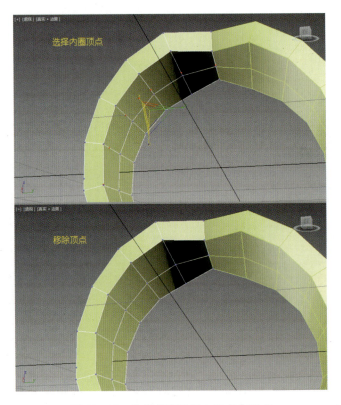

图 12-18 选择并移除圈内壁多余顶点

沿着单一轴向移动调整中间顶点位置,调整后的效果见图 12-20。

进入多边形层级,选择多边形(图 12-21)。为了避免误选背面多边形,可以开启忽略背面设置。

按组挤出多边形,挤出高度设置为 0.4mm(图 12-22)。

观察凸起曲面的过渡情况。进入点层级,用目标焊接工具,把图 12-23 所示的顶点焊接起来,产生渐变的凸起过渡。

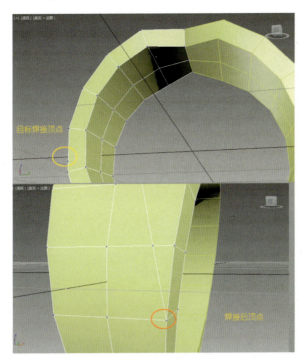

图 12-19 目标焊接顶点简化模型结构

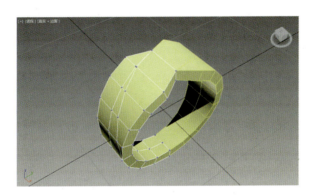

图 12-20 移动调整顶点

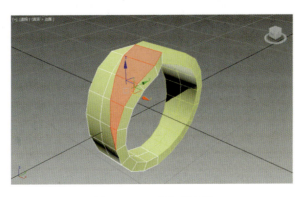

图 12-21 选取多边形

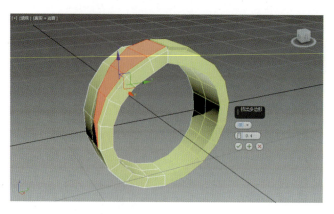

图12-22　按组挤出多边形

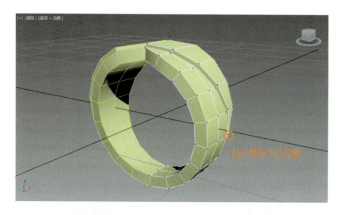

图12-23　再次目标焊接顶点

旋转观察戒指顶部，由于多边形挤出操作，在接触过程中，产生了一个斜面，见图12-24。如果忽略斜面，对后续的焊接拼合步骤会产生干扰，造成拼合失败，因此要删除它。

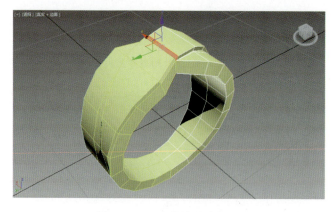

图12-24　选择并删除斜面

再次使用"转换为：可编辑多边形"操作（图12-25），以此消除两个戒圈的实例跟随属性，并附加起来（图12-26）。

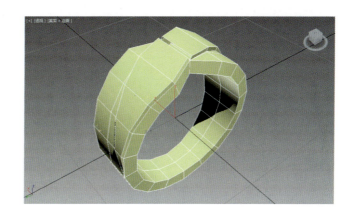

图 12-25 转换为:可编辑多边形　　　　图 12-26 附加后的效果

提示: 在附加操作前,还需要进入顶点层级,在透视图中旋转观察顶点的对应情况,若发现顶点无法对应,必须对顶点的位置进行适当调整,否则会影响后续的拼合焊接。如果在附加后才发现需要调整,调整的难度及工作量会加倍。

在左视图中选择顶部顶点,由于顶点没有叠加重合,存在一定的距离,需要运用 0.5mm 的焊接距离设置来焊接拼合顶部顶点(图 12-27)。焊接后顶点会主动调整到中间位置。

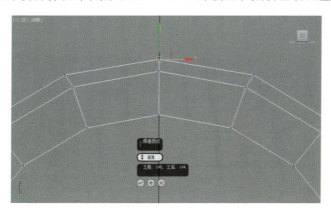

图 12-27 焊接顶点

随后按照图 12-28 所示的造型,在左视图的竖直方向上调整外表面的顶点位置,让顶点产生渐变的结构。

在左视图中再次框选中间顶点进行焊接操作,由于顶点处于叠加状态,焊接的距离设置为 0.1mm。焊接后戒圈模型构成一个完整的封闭造型(图 12-29)。

提示: 焊接距离设置的目的是为了限制发生焊接的最小距离,如果点之间的距离大于设置参数,焊接无法发生,如果小于或等于设置参数,那么焊接命令操作将产生效果,发生焊接后,顶点的数量一定会减少。还要强调的是,焊接操作只能是针对附加拼合起来的物体,为附加的独立物体,虽然顶点间距达到焊接要求,但是由于它们归属于不同的物体,所以无法实现焊接操作。

进入边层级选择边,如图 12-30 所示。

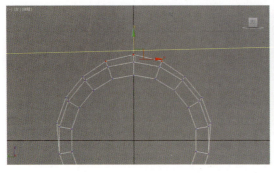 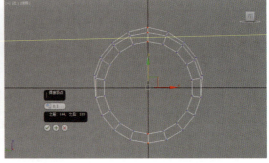

图 12-28　调整顶点　　　　　图 12-29　焊接叠加顶点产生封闭造型

提示： 由于是组合选取操作，需要配合使用键盘"Ctrl"和"Alt"键。有的地方可能会选到背面的线，因此建议开启忽略背面设置。有些位置可以使用循环选择的，先使用循环选择，然后再配合使用"Ctrl"和"Alt"键去增加或减少选择的边。

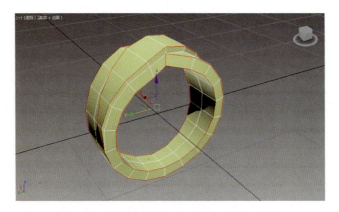

图 12-30　选边

选择完成后进行边切角处理，见图 12-31。切角参数如下。
- 切角量：0.1mm
- 其他使用默认参数

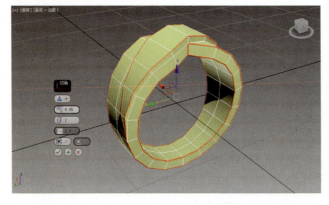

图 12-31　边切角

由于边切角有叠加的位置,因此切角后需要检查叠加位置顶点的切角情况,如果有交叉或者乱点,需要使用顶点的目标焊接工具对顶点进行调整归置(图 12-32)。

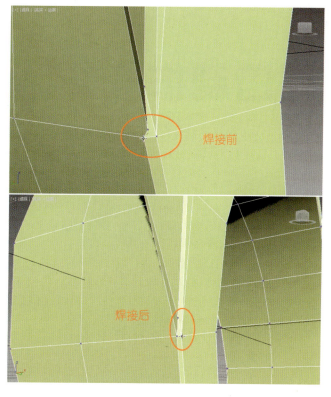

图 12-32 归置修正顶点

在细分曲面栏目里,选择"使用 NURMS 细分"选项,并把显示迭代次数设置为 3。完成的模型就可以输出 3ds、stl、iges、obj 等格式到渲染软件中渲染。完成效果见图 12-33。

图 12-33 完成的模型效果

案例13 爪镶镶口制作

造型特征分析

- 镶口底座呈现圆环结构，使用管状体工具能够快速产生。
- 镶爪呈现心形，可以在管状体端面上切割出心形结构后挤出产生。
- 六爪镶口，单元体 6 个环形重复，可以编辑一个单元体后使用陈列工具，旋转复制 6 个。

打开克拉钻模型(图 13-1)，钻石底尖处于坐标原点位置，且钻石处于冻结状态，仅能看到结构，不能选择编辑。

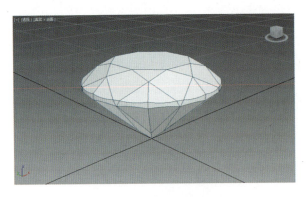

图 13-1　打开克拉钻模型

在透视图"真实"按钮处右击,选择"边面"显示模式,进入创建面板,使用"管状体"工具在顶视图中创建镶口基本体,见图13-2。

进入修改面板设置管状体参数,见图13-3。

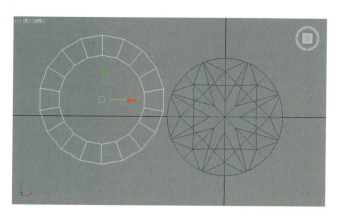

图13-2 管状体作为基本体

图13-3 管状体参数

在顶视图中使用"移动变换输入"对话框调整管状体位置(图13-4)。调整后管状体中心与宝石中心对齐。

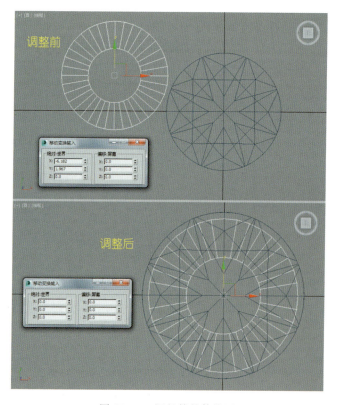

图13-4 调整管状体位置

在修改面板的"Tube"标签处右击选择"转换为:可编辑多边形",完成管状体的多边形编辑转换。

进入边层级,双击底部边缘,循环选择底部边缘轮廓,见图13-6。

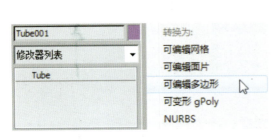
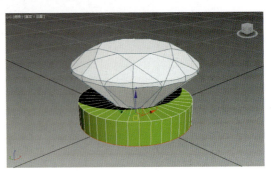

图13-5　转换为:可编辑多边形　　　　图13-6　选择底边轮廓

使用缩放变换输入对话框,对选中的边进行规定数值的缩小处理,缩小到原来的80%,见图13-7。

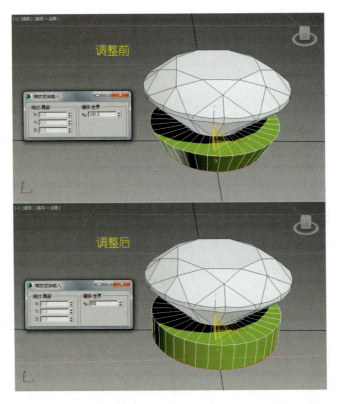

图13-7　缩小定边轮廓

进入边层级,在顶视图中配合使用键盘"Ctrl"键,循环多选图13-8所示的边轮廓。

随后按住"Ctrl"键切换到多边形层级,选中图13-9所示的6段多边形,完成关联选取。

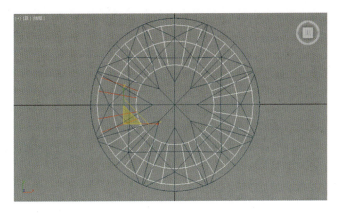

图 13-8 循环选择边

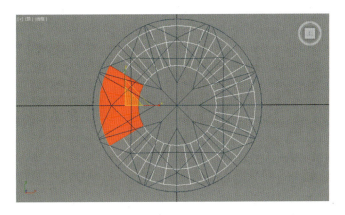

图 13-9 关联选择多边形

在多边形层级中使用编辑菜单里面的反选工具(快捷键"Ctrl+I"),选择图 13-10 所示的多边形,使用"Delete"键删除多边形,留下以 X 轴为对称关系的 6 段多边形。

提示: 在创建管状体的时候,已经对边数进行了 36 边的设置,若把管状体分成 6 份,那么一个单元体的边数就是 6 边,对应的造型形式就是 6 段多边形。在选择保留的多边形时,尽量

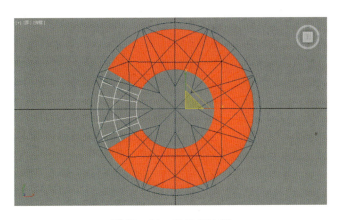

图 13-10 反选多边形

考虑保留坐标轴位置的多边形,且以坐标轴为对称轴的多边形分布,会更有利用于后续的多边形对称编辑,提高造型速度。

选择处于中间位置的两个侧面多边形,运用多边形挤出工具挤出(图13-11)。参数设置如下。

- 挤出样式:按多边形
- 高度:0.2mm

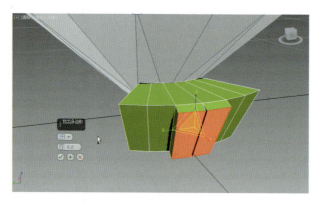

图13-11　按多边形挤出

使用"不等比例选择缩放"工具的右击对话框,对刚刚挤出的多边形进行单一轴向的收缩调整(图13-12),调整的目的是让形状更加贴近心形的造型。

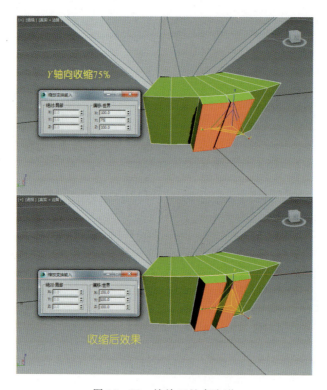

图13-12　缩放工具多边形

提示：长按"选择缩放"工具，把缩放方式切换为不等比例缩放，随后再右击"选择缩放"按钮，在弹出对话框中对 Y 轴向参数进行设置，调整多边形 Y 轴向大小。

框选顶端面的顶点，使用"平面化对齐"工具，在左视图中，选择 Z 轴向对齐（图 13-13）。

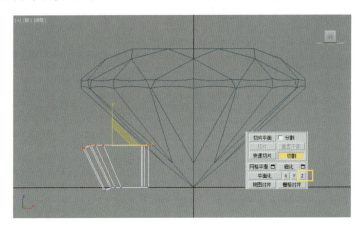

图 13-13　选取图示顶点沿 Z 轴向对齐

在前视图中使用"选择移动"工具的右击功能，在右击弹出的"移动变换输入"对话框中，修改"绝对：世界"坐标 Z 值为 0（图 13-14），把顶点位置调整到同一水平线上。

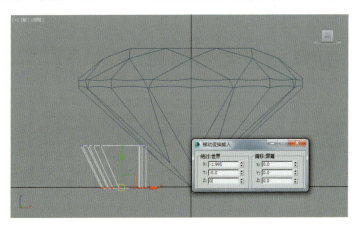

图 13-14　选择并水平对齐底端面顶点位置

使用切割工具对顶端面位置进行切割处理，产生心形结构，见图 13-15。

提示：在切割过程中，注意鼠标图形的变化，在遇到顶点时，鼠标图形会收缩成小"十"字，遇到线时，会变成大"十"字。在这里我们需要切出一个倒"V"形，与刚刚挤出的结构形成一个心形结构。

进入多边形层级，选择刚刚切出的心形结构，使用多边形挤出工具，对心形多边形挤出两次，见图 13-16、图 13-17。

第一次参数设置如下。
- 挤出样式：按组
- 高度：2mm

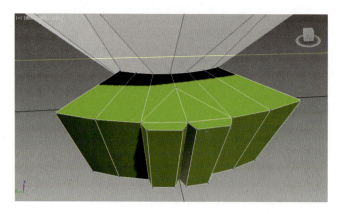

图 13-15 切割产生心形结构

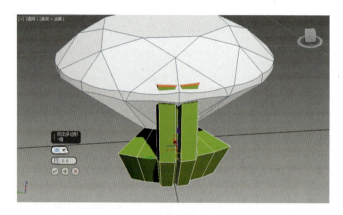

图 13-16 挤出心形镶爪

第二次参数设置如下。
- 挤出样式:按组
- 高度:0.8mm

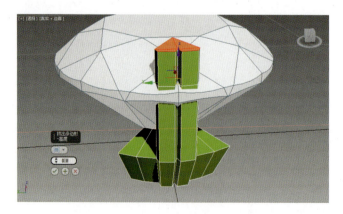

图 13-17 再次挤出

进入边层级,双击循环选择图13-18所示的边轮廓(挤出产生的中间截面位置边线),使用"选择移动"工具,截面沿 X 轴向负方向移动0.6mm。

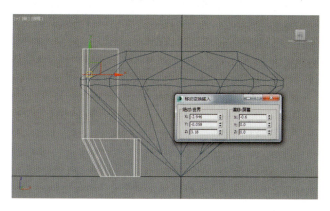

图13-18　移动中间截面

使用"选择缩放"工具,整体放大截面,放大幅度为120%,见图13-19。

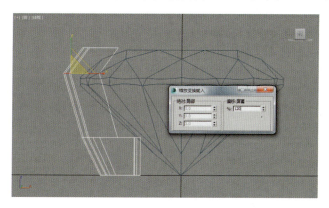

图13-19　放大中间截面

进入边层级,选择图13-20所示管状体左右两侧的两对边线,使用"移动变换输入"工具调整位置,设置见图13-20。

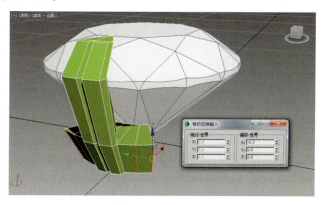

图13-20　选择侧边两条边线

使用"选择移动"工具,在顶视图沿着 X 轴向对选择边的位置进行调整,见图 13-21。

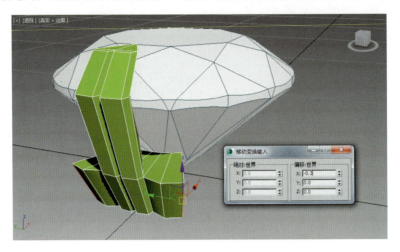

图 13-21 再次水平移动调整边位置

关闭所有的子层级,可以看到单元体的中心坐标会切换回视图的原点。使用"阵列"工具在顶视图中对单元体进行复制(图 13-22)。

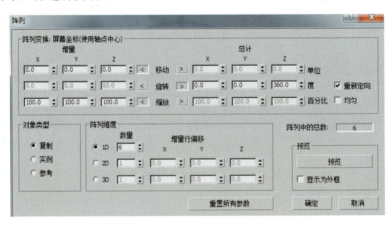

图 13-22 旋转阵列单元体

阵列对话框参数设置如下。

- 增量 Z 轴旋转:60°
- 对象类型:复制
- 1D 数量:6
- 其他参数使用默认值

复制后使用,产生 6 个包裹镶爪,效果见图 13-23。使用附加工具,把 6 个单元体附加起来。并进入边界层级,使用桥工具把开口的位置连接起来(图 12-24)。

提示: 在透视图的镶口底面连接较容易看清互连的边界位置。

进入边层级,选择图 13-25 所示的红色边棱。在选择过程中,为方便操作,我们可以选择一段边后,点击"循环选择"按钮来实现整圈的选择。

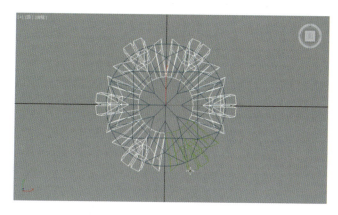

图 13-23　环形阵列后附加

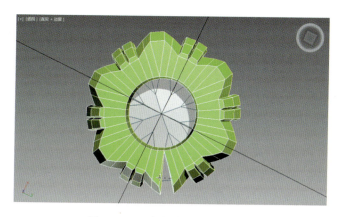

图 13-24　在底端面桥接单元体

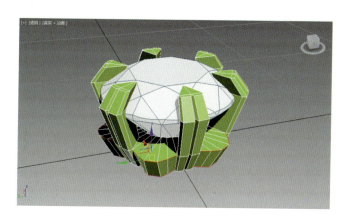

图 13-25　选择边棱

使用边切角工具，对选择的边切角处理，以此限制圆角的光滑过渡的距离，从而产生明显的边棱结构，见图 13-26。

切角参数设置如下。

- 切角量:0.04mm
- 边数:1
- 其他参数设置为默认值

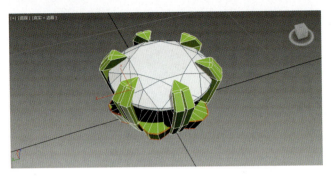

图13-26 边切角后的效果

在"细分曲面"栏目里,选择"使用NURMS细分"选项,并把显示迭代次数设置为3,使造型产生光滑效果。随后可以把完成模型(图13-27)输出3ds、stl、iges、obj等格式到渲染软件中去渲染,快速模拟出逼真的实物效果。

图13-27 细分曲面完成的效果

案例14
曲面衔接吊坠制作

造型特征分析

- 线型结构，可以使用样条线工具绘制造型轮廓，但是要注意顶点的对应。
- 棱线明显，可以使用边切角工具产生棱线。
- 有启发的衔接结构，可以使用边切割工具切分出连接接口，再使用边界桥工具进行连接。

在创建面板中点击"图形创建"按钮（图14-1），选择样条线类型里的"线"工具在前视图里创建两条样条线。进入样条线的顶点层级，分别调整样条线的点位置，产生图14-2所示的两个样条线轮廓。

提示：这里为了提高创建效率，已经保证顶点的对应性，可以使用样条线的轮廓工具产生封闭轮廓，随后再对顶点的位置进行调整，得到图14-2所示的两个图形轮廓。

在透视图的"真实"按钮上点击右键，在弹出的右击菜单里选择"边面"显示模式，展示物体的结构线，便于观察调整。

由于编辑过顶点的位置，需要把所有的顶点选中后右击，在菜单里选择"角点"选项，见图14-3。

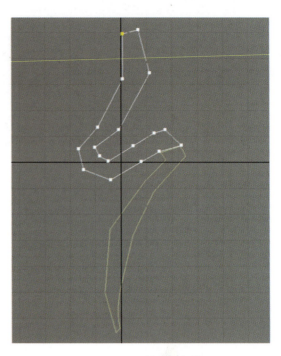

图 14-1 选择"线"工具　　　　图 14-2 创建两条线

在修改面板里,选择样条线使用右击菜单,选择"转换为:可编辑多边形"(图 14-4)。转换后,样条线轮廓转换为多边形面(图 14-5)。

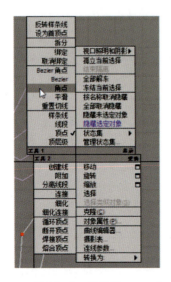
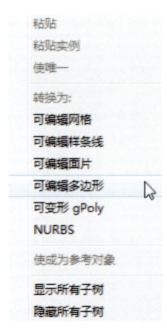
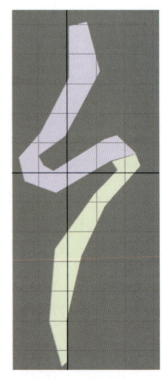

图 14-3 转角点　　　　图 14-4 转换为:可编辑多边形　　　　图 14-5 多边形面

选择图14-5中的多边形,使用"多边形挤出"工具,挤出设置如图14-6所示,产生平面型块状体。

使用"Delete"键删除挤出的多边形,并且选择图14-7所示的两端多边形一同删除。

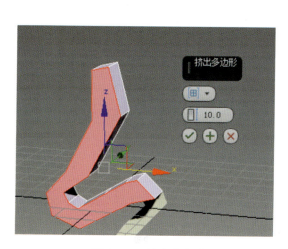

图14-6　挤出多边形

图14-7　删除多边形

进入边界层级,使用边界"桥"工具(图14-8)。在透视图中,点选对应的边界位置,产生连接结构(图14-9)。

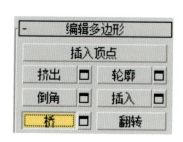

图14-8　边界"桥"工具

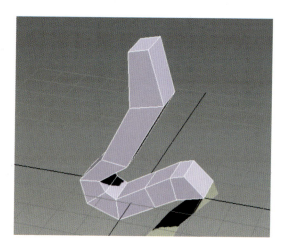

图14-9　产生连接结构

进入边层级,使用切割工具(图14-10)。在透视图中,在前表面进行切割操作(图14-11)。

提示:切割实质上是在顶点或者边上产生连接线,因此应该从顶点或边上开始,也需要在顶点或边上结束。当切割遇到顶点时会变成小"十"字图标,遇到线时会变成大"十"字图标,分别表示切割的内容是点或是边。图14-12为切割完成后的效果。

125

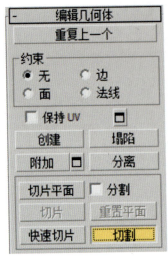 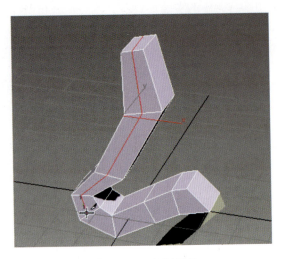

图 14-10 边切割　　　　　图 14-11 切割效果

使用选择移动工具,选择图 14-12 所示的红色边,向造型的内部移动 2mm,产生下凹的结构(图 14-13)。在状态提示栏里查看 Y 轴移动的距离。

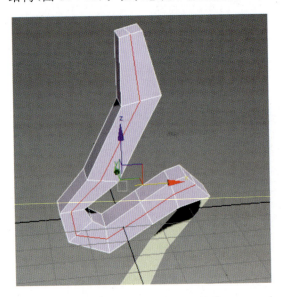 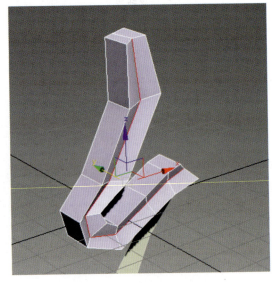

图 14-12 完成切割的效果　　　　　图 14-13 移动调整边的位置

使用"选择移动"工具调整图 14-14 所示的虚线框位置的边位置,让造型在两端向里收缩。同时使用边切角工具对 3 条边棱进行切角处理,边切角参数如下。

- 切角量:0.4mm
- 边数:1
- 其他参数使用默认值

关闭上半部分的子层级编辑模式,选择下半部分的多边形,再次使用挤出工具把多边形挤出(图 14-15)。参数如下。

- 高度:7.511mm
- 其他参数为默认值

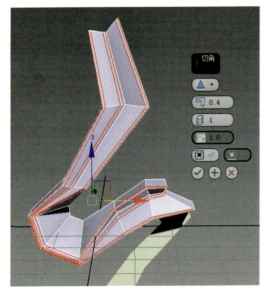

图 14-14 再次移动调整边的位置

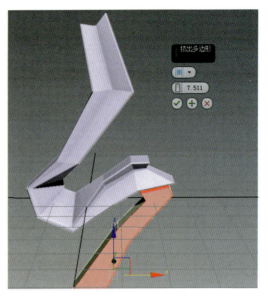

图 14-15 另一部分使用挤出多边形工具

删除顶端多边形后,进入边层级,使用边桥工具,以此连接对应的边(图 14-16)。

提示:边的桥需要一个一个找到对应的边点击来产生连接结构,面对边数不多的情况可以使用,但是如果边数很多,且一一对应,那么还是建议使用边界桥。

同样对这个部分的顶面进行切割处理,并调整左右边的位置,产生中间切割边线位置稍微突起结构(图 14-17)。

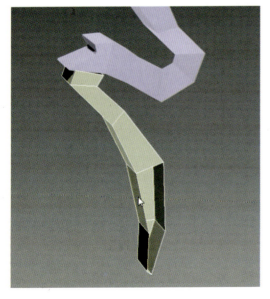

图 14-16 边桥

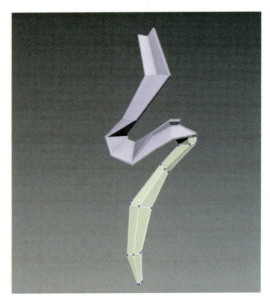

图 14-17 调整边位置

随后使用"附加"工具,把两部分附加起来(图14-18)。

使用边切割工具如图14-19所示,需要在连接的位置切出新的结构线,方便在连接的时候查找到对应的边。

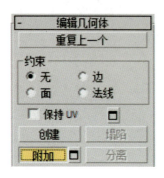

图14-18 "附加"工具

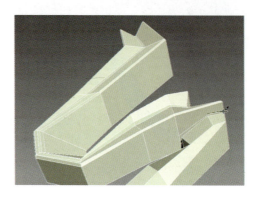

图14-19 切割出新的连接边

在透视图上选择对应的多边形连接面,需要转动视图并配合使用"Ctrl"键多选,见图14-20。选择了对应的两个平面后,点击使用多边形"桥"工具,将两个平面连接起来(图14-21)。

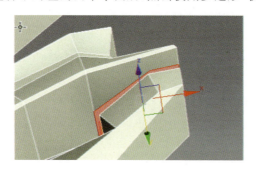

图14-20 选择多边形

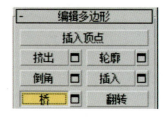

图14-21 多边形"桥"工具

将图14-22所示位置进行边切角处理,参数如下。

- 切角量:0.4mm
- 其他参数使用默认值

在吊坠顶端的两个侧面使用边切割工具,切出如图14-23、图14-24所示的边。

进入多边形层级,选择新切出的方形多边形,左右各一个,使用多边形桥工具让该位置产生一个连通的空洞(图14-25),并对空洞周边的连接线进行补充切割。

开启细分曲面设置,迭代次数为3,选择"使用NURMS细分"选项(图14-26),在透视图中旋转并查看模型细节,同时进入顶点层级,通过调整顶点位置来修改曲面造型。

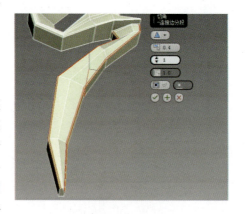

图14-22 边切角

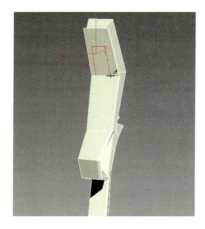
图 14-23 切割出新的边 1

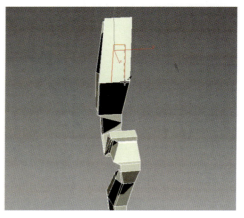
图 14-24 切割出新的边 2

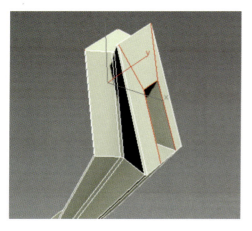
图 14-25 多边形桥产出空洞

图 14-26 细分曲面设置

完整的模型见图 14-27。可以输出 3ds、stl、iges、obj 等格式,导入到渲染软件中渲染,以模拟实物效果。

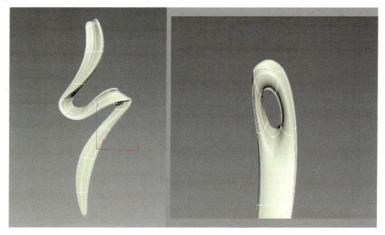
图 14-27 旋转并检查模型细节

案例15
弧面珍珠耳坠制作

造型特征分析

● 珍珠部分可以使用球体工具快速产生。

● 耳坠金属部分为圆滑曲面,包裹珍珠位置为简单半球造型,可以通过半圆多边形桥接产生。

● 耳勾位置细长,可以通过多边形挤出并调整截面位置产生,也可以通过多边形沿样条线挤出产生。

在创建面板的"标准基本体"中,选择"球体"创建命令(图15-1)。

在左视图中点击鼠标左键并拖动点击创建出一个球体。随后右键点击"移动选择"按钮 ✤ ,将球体的中心位置调整到坐标原点(X、Y、Z三个轴向参数都修改为0,图15-2)。在透视图的"真实"按钮上点击右键,在弹出的右击菜单里选择"边面"显示模式,让透视图中随时显示物体的结构线。

进入修改面板,重设球体的参数,见图15-3。

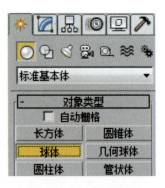

图15-1 "球体"工具

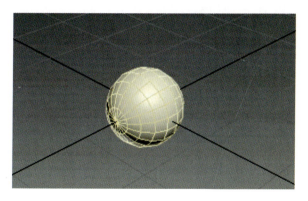
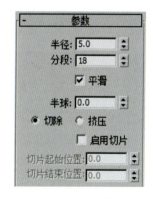

图 15-2 调整中心位置到坐标原点　　　　图 15-3 重设球体参数

提示： 首先创建球体是为了给后续的造型过程提供一个参照物。

进入创建面板,点击"图形"图标,在对象类型里选择"线"工具,见图 15-4。为了避免绘制过程产生圆弧曲线,需要在"创建方法"栏目里设置创建点的类型为角点(图 15-5)。

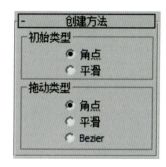

图 15-4 "线"创建工具　　　　图 15-5 设置创建顶点类型

在前视图中绘制顶点位置如图 15-6 所示的样条线,产生近似包裹结构的样条线。
当样条线处在编辑状态时,进入层次面板,点击"仅影响轴"按钮(图 15-7)。重新设置样

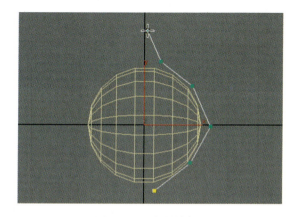

图 15-6 绘制样条线　　　　图 15-7 层次面板

条线的中心位置。需要右击"选择移动"工具,在弹出的"移动变换输入"窗口中输入绝对坐标 X、Y、Z 值都为 0(图 15-8)。

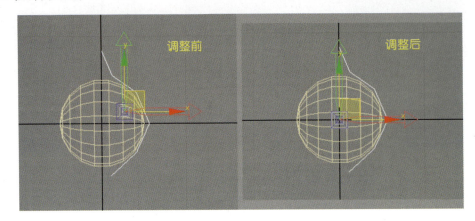

图 15-8　重置样条线的中心位置

在修改面板中进入样条线层级,使用"轮廓"设置工具,产生封闭的平行轮廓,见图 15-9。

在修改面板右击"Line"(样条线)标签,在弹出菜单里选择"转换为:可编辑多边形"(图 15-10)。

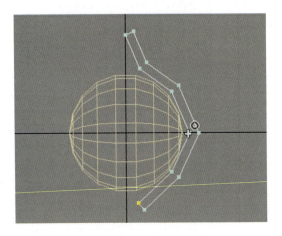

图 15-9　样条线轮廓工具　　　　图 15-10　样条线转换为:可编辑多边形

在顶视图中选择多边形,工具菜单里选择"阵列"工具会弹出阵列设置对话框。设置参数如图 15-11 所示。

阵列后的顶视图效果见图 15-12。

在顶视图中再次选择水平轴位置多边形,再次使用工具菜单里的"阵列"工具。在弹出的阵列设置对话框中设置的参数如图 15-13 所示。

通过两次旋转复制,产生 7 个多边形面,把半个球体包裹起来(图 15-14)。

进入其中一个多边形面的多边形层级(图 15-15)。使用"附加"工具(图 15-16),把 7 个多边形面附加起来。间隔选择多边形,使用"编辑多边形"栏目里的"翻转"工具,翻转多边形面的方向(图 15-17)。

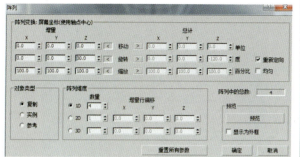
图 15-11 阵列设置

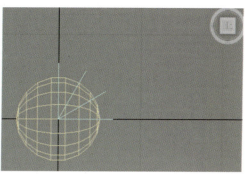
图 15-12 阵列后的效果

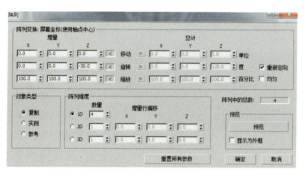
图 15-13 再次阵列设置

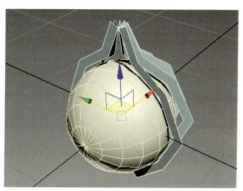
图 15-14 再次阵列后的效果

图 15-15 进入多边形层级　　图 15-16 "附加"工具

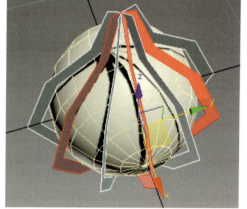
图 15-17 翻转多边形

　　使用边界"桥"工具,把多边形先两两桥接起来,见图 15-18。而后使用"多边形桥"工具,把间隔的空间连接起来,见图 15-19。

　　进入顶点层级,编辑图 15-20 所示位置的顶点,把顶点收缩后做焊接处理。

　　同样的步骤,把耳坠顶部的顶点做收缩编辑,随后对收缩几乎聚集为一点的顶点做焊接处理,如图 15-21 所示。

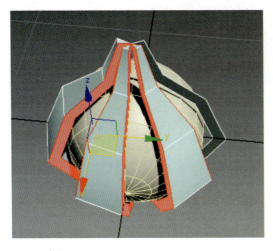
图 15-18 边界桥后的效果

图 15-19 多边形界桥后的效果

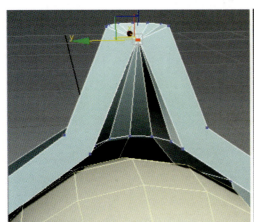
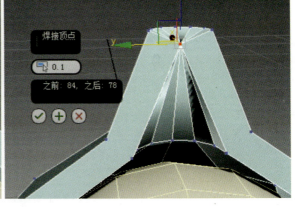
图 15-20 调整并焊接顶点

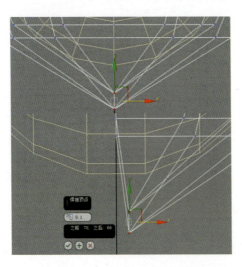
图 15-21 再次调整并焊接顶点

切换到透视图,可以观察到图 15-22 所示的红色顶点,没有横向的连接线,这会造成这个位置只有左右两个多边形。如果使用细分曲面,由于缺少连接线,曲面都会向中心收缩,产生破洞。因此,必须让红色顶点产生对应的连接边线。依次选择对应的顶点,使用点连接工具,产生连接线(图 15-23、图 15-24)。

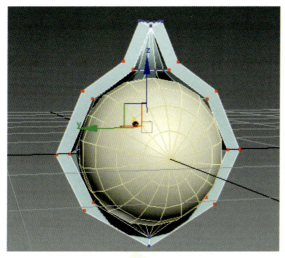
图 15-22　红色顶点没有连接边

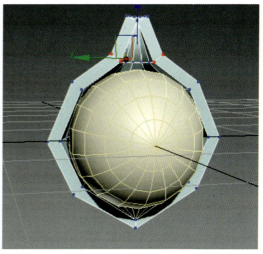
图 15-23　使用点连接工具产生连接

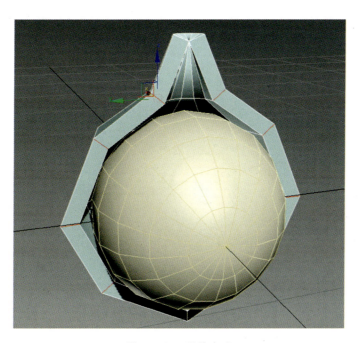
图 15-24　连接完成

在前视图中编辑图 15-25 所示的顶点,产生下凹的包裹结构。

同样在前视图中,使用对齐工具把顶点对齐到同一平面上,如图 15-26 右侧效果,红色顶点水平对齐,即对齐的轴为 Y,因为在 Y 的轴向上数值相同。

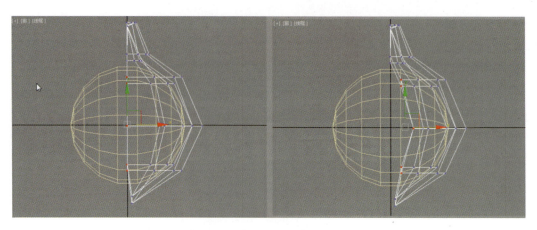

图 15-25 调整顶点位置

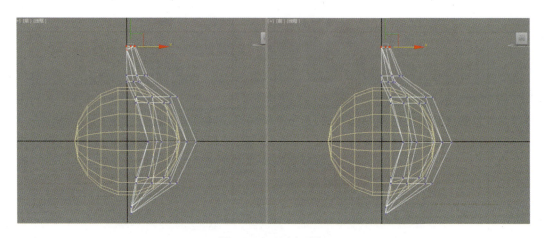

图 15-26 对齐顶点

选择顶部多边形,使用"挤出多边形"工具依次挤出并调整多边形位置(图 15-27)。

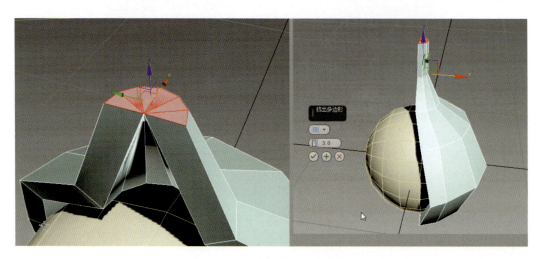

图 15-27 选择并挤出多边形

提示：可以考虑使用"沿样条线挤出"工具，快速产生造型。

挤出的过程中对顶部的顶点进行收缩变形，让结构逐渐变细（图15-28）。

图15-28 收缩编辑顶点

旋转调整挤出的多边形，产生逐渐弯曲的结构（图15-29）。

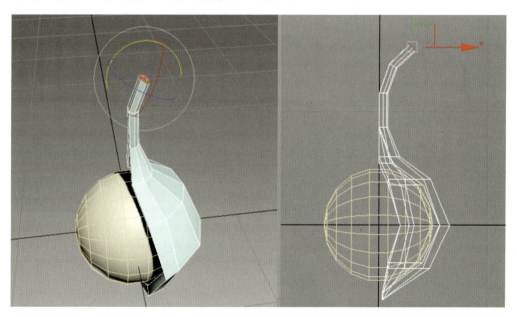

图15-29 挤出并旋转多边形

进入顶点层级,选择最尖位置的顶点,并开启"软选择"选项,开启边距离,设置为11,之后缩小选择的顶点,产生渐变效果(图15-30)。

找到"细分曲面"栏目,在栏目里选择"使用NURMS细分"选项,并把显示迭代次数设置为3(图15-31)。设置后的效果见图15-32。

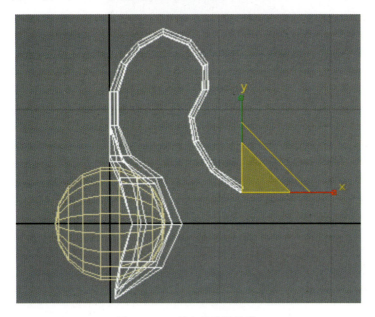

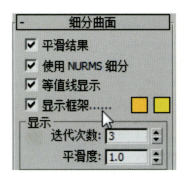

图15-30　顶点软选择编辑　　　　　　　　　　图15-31　细分曲面设置

退出编辑子层级,一起选择球体和包裹耳勾两部分,使用"选择移动"工具,按下键盘"Shift"键后,沿水平轴向拖动,可以实现复制效果,见图15-33。

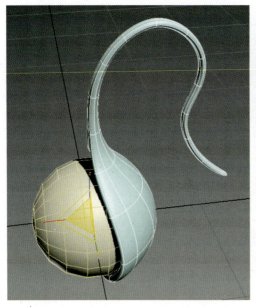
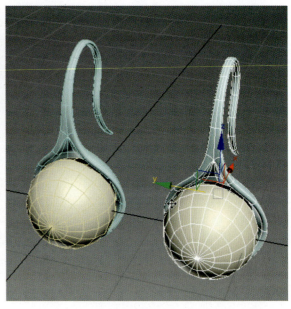

图15-32　开启曲面细分效果　　　　　图15-33　使用"Shift"键移动复制

删除珍珠,并关闭该耳勾的细分曲面,选择下凹位置的中心点,见图 15-34。

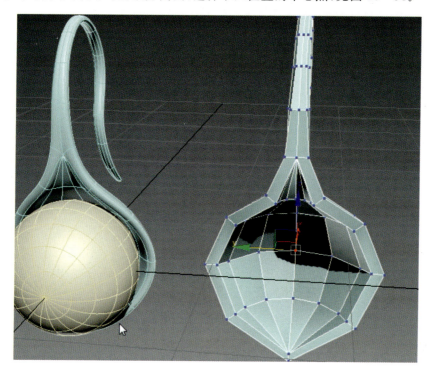

图 15-34　关闭细分曲面

使用顶切角工具把该位置的顶点切角 0.5mm(图 15-35)。切角后中间位置产生一个方向多边形面。

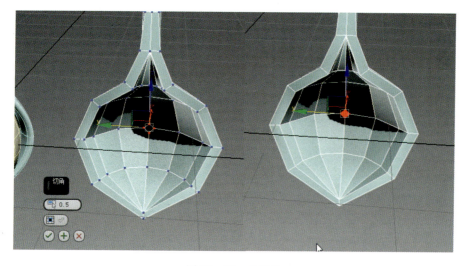

图 15-35　点切角

进入多边形层级,选择切角产生的多边形,运用挤出工具,挤出圆柱,该圆柱结构是珍珠镶嵌时使用到的针。设置挤出长度为 3mm,挤出两次(图 15-36)。

再次开启细分曲面设置,在栏目里选择"使用 NURMS 细分"选项,并把显示迭代次数设置为 3。设置后的效果见图 15-37。

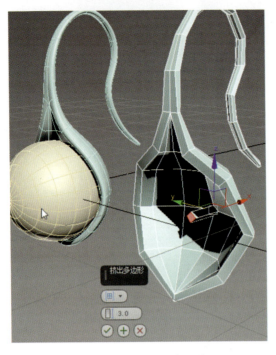

图 15-36　挤出多边形

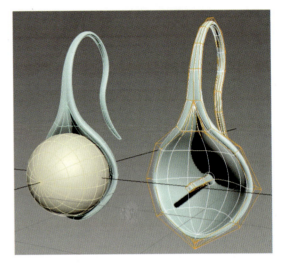

图 15-37　再次开启细分曲面效果

完成的模型就可以输出 3ds、stl、iges、obj 等格式到渲染软件中渲染。完整效果见图 15-38。

图 15-38　keyshot 渲染效果

主要参考文献

柏魁宇.基于特征线的产品设计方法之研究[D].长沙:湖南大学,2006.

陈彩琦,刘志华,金志成.特征捆绑机制的理论研究[J].心理科学进展,2003,11(6):616-622.

程定稆.产品设计中基于心智模型的符号指向研究[D].无锡:江南大学,2009.

楚飞.Rhino珠宝首饰设计从入门到精通[M].北京:人民邮电出版社,2014.

崔勇.设计现代玉雕作品用五求理念创作[J].中国宝玉石,2009(6):106-109.

丁俊武,杨东涛,曹亚东.情感化设计的主要理论、方法及研究趋势[J].工程设计学报,2010,17(1):12-18.

杜科迪.新时代地域性玉文化与玉雕设计创新[J].保山学院学报,2013,32(6):61-63.

华天印象.JewelCAD Pro珠宝设计完全学习手册[M].北京:人民邮电出版社,2014.

李矛.汉字书法在公共雕塑造型中的运用[J].包装工程,2011,32(6):120-123.

李彦.产品创新设计理论与方法[M].北京:科学出版社,2013.

李园.JewelCAD电脑首饰设计[M].武汉:中国地质大学出版社,2015.

林丽,薛澄岐,王海燕,等.优化KE模型的产品形态解构方法[J].东南大学学报(自然科学版),2010,40(6):1353-1357.

林强."广宁玉雕"的图式美学与文化生态[J].美术大观,2012(7):72-73.

刘玲玲.基于基元模型的产品创意设计方法与表征研究[J].图学学报,2013,34(3):90-94.

刘玲玲.面向多维KE模型构建的产品特征解构方法[J].工程设计学报,2014,(4):323-328.

刘云安.面向概念创新设计的知识框架构建与应用方法研究[D].北京:北京邮电大学,2010.

刘志华.视觉特征捆绑的认知及神经机制研究[D].广州:华南师范大学,2004.

潘速圆,肖飞.3DSMAX家具建模基础与高级案例详解[M].北京:中国轻工业出版社,2015.

潘焱.商业首饰设计[M].武汉:中国地质大学出版社,2016.

庞然.浅析玉雕留白创作的艺术美[J].宝石和宝石学杂志,2014,16(3):70-74.

任进.珠宝首饰设计基础[M].武汉:中国地质大学出版社,2011.

孙璐.扬州玉雕的造物文化思想研究[J].艺术百家,2015(5):250-251.

王小慧,蔡克勤.论地域性文化与少数民族首饰美学特点的形成[J].艺术百家,2007(3):120-122.

吴树玉,徐可.CorelDRAW首饰设计效果图绘制技法[M].武汉:中国地质大学出版社,2013.

张荣红.电脑首饰设计[M].武汉:中国地质大学出版社,2006.

张同.产品系统设计[M].上海:上海人民美术出版社,2004.

钟文.水晶石技法 3ds Max 建筑动画制作专业技法[M].北京:人民邮电出版社,2013.

种道玉.产品设计中的感性特征研究[D].北京:北京工业大学,2007.

周蕾,薛澄岐,汤文成,等.高速列车座椅外观设计"特征—风格"映射机制的推理方法[J].东南大学学报(自然科学版),2013,43(4):771-776.

朱欢,闫黎,陈巧霞,等.Jewel CAD 珠宝设计教程[M].北京:化学工业出版社,2013.